Stephan Gebhardt-Seele

Aufstand der Verkäufer

Stephan Gebhardt-Seele

Aufstand der Verkäufer

Abhilfe für die notorische Unentschlossenheit potenzieller Kunden

WILEY-VCH Verlag GmbH & Co. KGaA

1. Auflage 2011

Bibliografische Information der Deutschen Nationalbibliothek
Die Deutsche Nationalbibliothek verzeichnet diese Publikation in der Deutschen Nationalbibliografie; detaillierte bibliografische Daten sind im Internet über http://dnb.d-nb.de abrufbar.

Printed in the Federal Republic of Germany

Gedruckt auf säurefreiem Papier.

Satz Mitterweger und Partner, Plankstadt
Druck und Bindung CPI – Ebner & Spiegel, Ulm
Umschlaggestaltung init GmbH, Bielefeld

ISBN 978-3-527-50598-2

Inhaltsverzeichnis

Aufstand der Verkäufer. Stephan Gebhardt-Seele

ISBN 978-3-527-50598-2

Vorwort: Warum landen Missionare im Kochtopf?

Missionare landen im Kochtopf, weil man die Bibel nicht essen kann. Missionare – so das Klischee – sind gute und engagierte Menschen, die wilde Kanibalen auf den Weg des »rechten Glaubens« bringen wollen. Sie lesen aus der Bibel und predigen. Sie sind begeistert von ihrer Mission und wollen andere begeistern, für eine bessere Welt. Nun ist klar: Schon so etwas wie die Einführung der zehn Gebote würde für einen Kanibalenstamm unzweifelhaft einen veritablen gesellschaftlichen Fortschritt bedeuten. Aber die Kanibalen verstehen die Bibelsprache nicht richtig und außerdem haben sie erstmal Hunger. Die Bibel ist nicht essbar, ein Missionar schon. Für die Kanibalen ist es daher die naheliegende Lösung, den Missionar zu essen.

Geschäftsführer, die selbst verkaufen, und Verkäufer sind oft gute, engagierte Berufstätige, die eine Menge Wissen darüber haben, was ihr Produkt leistet und welchen Nutzen es für den Käufer bringen kann. Viele gehen mit Überzeugung und Begeisterung an die Arbeit. Und doch ergeben sich häufig Schwierigkeiten, Produkte tatsächlich zu verkaufen, selbst wenn nutzbringende Vorteile klar auf der Hand liegen.

Verkäufer sehen ihre Aufgabe häufig darin, zu beraten, zu erklären und zu überzeugen. Sie setzen ihre Fähigkeiten ein, um dem potenziellen Kunden ihr Angebot mit Argumenten näher zu bringen. Sie haben schön gestaltete Unterlagen und sie predigen – heute würde man sagen: sie präsentieren. Aufgrund der epidemieartigen Ausbreitung von Präsentationen sind viele potenzielle Kunden heute so gestrickt, dass sie gar nichts anderes erwarten als die Übergabe von hübsch gestalteten Broschüren und eine Predigt in Form einer *Präsentation.* Und doch führen Präsentationen häufig nicht zu einem gesteigerten Verstehen seitens der potenziellen Kunden und – um beim Vergleich zu bleiben – erst recht nicht zu deren Übertritt zum

Aufstand der Verkäufer. Stephan Gebhardt-Seele

ISBN 978-3-527-50598-2

»rechten Glauben«. Es läuft vielmehr so ab: Der potenzielle Kunde hört sich alles an, konsumiert die Zeit des Verkäufers, die aufwändig hergestellten Unterlagen und unter Umständen auch kostenlose Vorleistungen – und kauft dann (häufig) doch nicht.

Der Missionar wurde verspeist, mit der Bibel weiß der Kanibale nichts Rechtes anzufangen, also verwendet er sie als Unterlage für seine Missionarsschädelausstellung oder zum Feuer machen.

Die Allgegenwart des Internets als eine Art überdimensionierter, globalisierter Wühltisch, und ein damit einhergehender nervöser, plan- und zielloser »Dauerkommunikationszwang« erzeugt das Problem, dass potenzielle Kunden deutlich mehr als früher durch ihr unentschlossenes, krummliniges, unverständliches, ständig für Ablenkungen, Verschieben und Verschleppen anfälliges Kauf- bzw. Nichtkaufverhalten den Aufwand für die Erwirkung eines Verkaufsabschlusses deutlich in die Höhe treiben. Der Verkäufer hat einiges an Geld ausgegeben, hunderte von Kilometern verradelt, viele Stunden, Tage oder Wochen vergeblich gearbeitet und fragt sich: Was ist schief gelaufen? Warum versteht der potenzielle Kunde einfach nicht? Und warum kauft er nicht, verdammt noch mal?

Dieses Buch gibt Antworten und enthält Lösungen.

Aber *Vorsicht!* Die Analysen sind provozierend, die Antworten verblüffend, das Ganze ist nicht immer nett. Die beschriebenen Lösungen wurden erprobt und funktionieren, allerdings backen sie sich nicht von selbst.

Aber ich – das können Sie mir glauben – war es endgültig leid, als Missionar zu gehen und regelmäßig im Kochtopf zu landen.

Präsentieren ist gut, doch verkaufen ist besser.

Und deshalb habe ich die Empfehlungen in diesem Buch entwickelt, ausgearbeitet, sie alle selbst getestet und mich mit meinen eigenen Augen davon überzeugen können, dass sie funktionieren.

Also, packen wir's an. Proben wir den Aufstand!

München, Januar 2011 *Stephan Gebhardt-Seele*

Einleitung: Es tut mir leid!

Ich möchte dieses Buch mit einer Entschuldigung beginnen. Ich möchte mich bei allen Kunden und allen potenziellen Kunden und Kaufinteressenten entschuldigen.

Denn ich werde in diesem Buch einige nicht besonders schmeichelhafte Dinge über Kaufinteressenten sagen. Und dafür möchte ich schon im Voraus Abbitte leisten. Denn Kunden, potenzielle Kunden, Kaufinteressenten und Interessenten sind ausdrücklich *nicht* die Zielscheibe von Kritik in diesem Buch.

Als Geschäftsmann gebietet es der Anstand, dass man demjenigen, der sich für das eigene Angebot interessieren könnte, mit Respekt entgegentritt. Menschen, die sich konkret für mein Angebot interessieren, gilt meine Wertschätzung, das versteht sich von selbst. Ich möchte diesen Leuten gerne einen Dienst erweisen, ihnen bei ihrer Kaufentscheidung helfen, sie als Kunden gewinnen und ihnen daraufhin zusammen mit meiner fortgesetzten Wertschätzung die Dienste erweisen und die Dinge liefern, die sie bei mir gekauft haben.

Dennoch muss ich in diesem Buch einige – meiner Ansicht nach überfällige – Provokationen über das Wesen des »potenziellen Kunden« aussprechen. Ich tue das jedoch nicht, um jemanden an den Pranger zu stellen, sondern ich tue es ausschließlich, *um dem Verkäufer zu helfen*. Lassen Sie mich diesen Zusammenhang bitte kurz erklären:

Verkäufer werden von potenziellen Kunden immer wieder (auf jeden Fall häufiger, als es den meisten lieb ist) zur Weißglut getrieben, bevor diese schließlich kaufen. Oder – schlimmer – doch nicht kaufen. Viele Verkäufer haben erlebt, wie ein Verkaufsprozess eine endlos erscheinende Angelegenheit sein kann, in der der potenzielle Kunde nicht das geringste Problem damit zu haben scheint, den Ver-

Aufstand der Verkäufer. Stephan Gebhardt-Seele

ISBN 978-3-527-50598-2

käufer immer wieder hinzuhalten, zu vertrösten und somit permanent auf kleiner Flamme zu köcheln.

Erst der Verkaufsabschluss lässt den ausgezehrten und gebeutelten Verkäufer mit einem Schlag vergessen, welche Folter und Demütigungen er auf dem Weg dahin erdulden musste. Der Verkaufsabschluss ist die Belohnung, der Sieg, der die zahlreichen verstörenden Ereignisse davor ziemlich unbedeutend erscheinen lassen kann. Und das stimmt. Was stören den Pokalsieger noch die Fouls der Gegner und die eigenen blauen Flecken?

Aber wie bitter schmecken dagegen die Niederlagen! Wie weh kann es tun, wenn ein Abschluss, auf den man wochen- oder gar monatelang hingearbeitet hat – geschuftet, gebuckelt, gebangt, gehofft –, zerplatzt wie eine Seifenblase. Erst ein ewiges Hin und Her, viele Wochen Anbahnung, Kontaktarbeit, unzählige E-Mails, Telefonate, Warten, Verabredungen, Termine, Präsentationen, unter Umständen kostenlose Vorleistungen, Nachbesserung des Angebots, erniedrigendes Feilschen um den Preis oder ermüdendes Tauziehen um Zusatzklauseln, Einschränkungen, Sonderkonditionen etc., dann wieder Warten und schließlich: Absage. Das Geschäft kommt doch nicht zustande. Oder (schlimmer noch): Der ursprünglich so interessierte Interessent taucht einfach wortlos ab, lässt sich verleugnen, will nichts mehr wissen, verweigert plötzlich jedes weitere Gespräch. Das sind die Momente, in dem sich der Verkäufer seiner Blessuren sehr bewusst wird, die er auf dem steinigen Weg eingesteckt hat, alles in der Hoffnung, dass der potenzielle Kunde am Ende doch noch kaufen könnte.

Die allgemein verbreitete Meinung geht dahin, dass ein Verkäufer einfach ein »dickes Fell«, vornehmer ausgedrückt, eine hohe Frustrationstoleranz haben sollte. Was übrigens genau der Grund ist, warum viele Leute eine Arbeit im Vertrieb rundheraus ablehnen.

Das mit dem dicken Fell mag stimmen, ist aber eigentlich ein Aspekt der Verteidigung. Somit erhebt sich die Frage: Gibt es auch wirksame Waffen für den entschlossenen *Angriff* gegen dieses merkwürdige Kaleidoskop an Verpeiltheit potenzieller Kunden? Genau darum geht es!

In diesem Buch werde ich mich zwar auch mit typischen Schwächen von Verkäufern befassen, aber noch viel gründlicher mit den typischen Sollbruchstellen potenzieller Kunden. Denn der Marktplatz der potenziellen Kunden hat sich gewandelt.

Die Atmosphäre im Vertrieb ist deutlich herzloser geworden. Potenzielle Kunden von heute haben nicht das geringste Unrechtsbewusstsein, den Verkäufer unter Umständen wochen- und monatelang vor sich her zu treiben und seinen Drang, etwas zu verkaufen, dazu zu benutzen, alle möglichen Vorleistungen und Zugeständnisse zu erhalten, um schließlich dennoch lapidar abzusagen oder einfach wortlos wegzutauchen. Und weil das so ist, muss man die Facetten und Winkelzüge des potenziellen Kunden einfach besser ausleuchten, um die eigene Taktik ausarbeiten zu können, wie man schließlich dennoch Verkausabschlüsse machen kann.

Ich möchte denjenigen, die verkaufen wollen oder sollen, dazu verhelfen, ihre Aufgabe leichter zu meistern, mit weniger Frustration und mit mehr Erfolg in Form von Verkaufsabschlüssen.

Und daher nochmal meine *ausdrückliche Entschuldigung an alle Kaufinteressenten!*

Ich denke nicht generell schlecht über potenzielle Kunden. Zu jedem Verkaufsprozess gehört neben dem Verkäufer auch ein Einkäufer (der potenzielle Kunde). Ich weiß genau, wie schwierig es sein kann, ein guter Einkäufer zu sein, die richtige Entscheidung zu treffen. Als Geschäftsführer meines Unternehmens bin ich sowohl Verkäufer als auch Einkäufer und Arbeitgeber (Einkäufer gegenüber Stellenbewerbern). Ich weiß, wie schwer diese Aufgabe ist und wie verlustreich und ärgerlich es sein kann, wenn man bei der Entscheidung einen Fehler gemacht hat. Darüber hinaus kann man oft nicht allein über einen Einkauf entscheiden. Man hat recherchiert, gerechnet, intern antichambriert und kassiert dann im eigenen Unternehmen die Abfuhr für etwas, das durchaus sinnvoll gewesen wäre und das man gerne gekauft hätte, aber die anderen Entscheider konnten nicht mit ins Boot geholt werden. Und dann muss man diese Absage auch noch dem engagierten Verkäufer überbringen, der sich schon eine geraume Weile für den möglichen Abschluss krummgelegt hat.

Hier ist mein Geständnis: Bezüglich aller unschönen oder unfairen Verhaltensmuster, die ich in diesem Buch dem »potenziellen Kunden« attestiere, habe ich mich dabei ertappt, wie ich sie gegenüber Verkäufern praktiziert habe, als ich selbst in der Position des potenziellen Kunden war.

Als Verkäufer war ich nie der geborene »Star«, dem immer alles gelingt und der nicht nur den Eskimos Kühlschränke, sondern auch noch dem Papst ein Doppelbett verkauft. Sicher, ich habe viel verkauft, und zwar, weil ich musste. Schließlich hatte ich Aufträge für mein eigenes Unternehmen zu beschaffen. Aber gerade deshalb, weil mir das Verkaufen nicht als natürliches Talent in die Wiege gelegt worden war, habe ich mich immer sehr für Methoden interessiert, mit denen jeder (also auch ich) verkaufen und erfolgreich sein konnte.

Und so ist dieses Buch ganz den Verkaufspersonen im Sinne der im nächsten Kapitel folgenden Definition gewidmet: dem Unternehmer oder Geschäftsführer, der selbst verkauft, dem Vertriebsleiter und dem Verkäufer. Diesen Menschen möchte ich gerne dazu verhelfen, dass sie *weit weniger* Frust erfahren müssen und somit leichter und mehr verkaufen können.

Ein Wort an den erfolgreichen Verkäufer

Bevor ich in den Hauptteil dieses Buches einsteige, erlaube ich mir, das Wort an diejenigen Leser zu richten, die bereits sehr erfolgreich verkaufen. Solchen Leuten gilt mein höchster Respekt und meine uneingeschränkte Bewunderung. Dieses Buch ist nicht dazu gedacht, erfolgreichen Verkäufern »am Zeug zu flicken«.

Da sehr erfolgreiche Verkäufer eher selten sind, sieht es für viele so aus, als wäre das Verkaufen eine hohe Kunst. Und das ist es auch. Falls jemand also diese Kunst virtuos beherrscht, kann es durchaus sein, dass diese Person mit den in Kapitel 1 bis 4 geschilderten Szenarien niemals ein Problem hat. Ein Starviolinist braucht keinen Geigenunterricht, allenfalls einige hilfreiche Tricks und außergewöhnliche Kunstkniffe für die ganz schwierigen Passagen. Und solche enthält dieses Buch durchaus.

Darüber hinaus kann ein großer Musiker jedoch sehr wohl von einem meisterhaft gefertigten Instrument mit ausdrucksstarkem, lupenreinen Klang profitieren. Diese werden nicht von Violinisten selbst hergestellt, sondern von Anderen, die wiederum anerkannte Experten in ihrem Fach sind. Den sehr erfolgreichen Profi unter den Verkäufern verweise ich deshalb vor allem auf die Empfehlungen ab dem Kapitel 12 – wenngleich in den vorangehenden Abschnitten auch für erfolgsverwöhnte Verkäufer ein paar gute Tricks und Anregungen lauern könnten.

Aufstand der Verkäufer. Stephan Gebhardt-Seele

ISBN 978-3-527-50598-2

Definitionen

Damit jederzeit klar ist, worüber ich spreche, werde ich für dieses Buch die folgenden Definitionen verwenden:

Verkäufer: Mit Verkäufer meine ich *jede* Person, die etwas verkaufen will oder soll. Selbstständige Unternehmer und Geschäftsführer, die Aufträge akquirieren, Vertriebsleiter, die für die Verkäufe ihres Unternehmens verantwortlich sind, Verkäufer, die mit potenziellen Kunden Kontakt aufnehmen, diesen pflegen oder Termine vereinbaren sollen und schließlich natürlich auch die Verkaufsperson, die den Verkaufsabschluss mit dem potenziellen Kunden erzielen will.

Kunde: Ein Kunde ist jemand, der etwas gekauft hat. Der Verkaufsprozess ist abgeschlossen. In der Verkaufsliteratur ist häufig (unexakterweise) von »Kunde« die Rede, obwohl es sich eigentlich um einen potenziellen Kunden oder Kaufinteressenten handelt, weil dieser ja noch nichts gekauft hat. Das Wort »Kunde« stammt vom mittelhochdeutschen »kunde«, althochdeutsch »kundo« = Kundiger, Eingeweihter. Der Duden definiert Kunde als: Jemand, der (regelmäßig) eine Ware kauft oder eine Dienstleistung in Anspruch nimmt (und daher in dem Geschäft bekannt ist).

Interessent: Ein Interessent ist jemand, der sich für etwas interessiert, aber noch nicht gekauft hat. Für diese Sorte von Leuten sind im Verkäuferjargon mehrere Begriffe in Gebrauch. Interessenten werden auch potenzielle Kunden, Kaufinteressenten oder Prospects (prospect: engl. »Interessent«, »potenzieller Kunde«) genannt. Damit ist ein Interessent die interessanteste Person für den Verkäufer.

Lead: (engl. Verb »münden«, engl. Substantiv: »Tipp«) Ein Lead ist noch kein Interessent. Ein Lead ist die Information über jemand, der möglicherweise ein Kaufinteressent ist. Es könnte eine Geschäfts-

Aufstand der Verkäufer. Stephan Gebhardt-Seele

ISBN 978-3-527-50598-2

empfehlung sein, wobei der Verkäufer die Person erst kontaktieren muss, oder eine Visitenkarte, die man auf einem Meeting oder einer Messe erhalten hat. Der Verkäufer will nun herausfinden, ob es sich um einen echten Interessenten handelt.

Zielperson: Eine Zielperson ist noch kein Interessent. Eine Zielperson ist jede einzelne Person aus der Zielgruppe, die der Verkäufer vernünftigerweise ansprechen könnte. Man könnte beispielsweise sagen: Meine Zielperson ist der Einkäufer in einem Unternehmen. Oder z. B.: Menschen, die an dem Schaufenster eines Ladengeschäfts vorbeigehen. Zielpersonen sind eigentlich (und daher der Name) eher das Objekt der Werbung. Ob eine Zielperson auch ein Interessent ist, muss sich erst herausstellen.

Zielgruppe: Die Menge aller Zielpersonen, die eine bestimmte Ähnlichkeit aufweisen. Die Gemeinsamkeit der Zielpersonen einer Zielgruppe kann sich auf die unterschiedlichste Weise darstellen. Geschäftsführer mittelständischer Unternehmen sind eine Zielgruppe. Oder Bäcker in Bayern, Privatpersonen über 50, Motorradfahrer, Zahnärzte, Familien, die in einem Haus mit Garten leben usw. Zielgruppen, deren Personen sich in vielerlei Hinsicht sehr ähnlich sind, nennt man »homogene Zielgruppen« (z. B. Pfarrer, Zahnärzte, Steuerberater), Zielgruppen, die zwar Gemeinsamkeiten aufweisen, aber ansonsten sehr unterschiedliche Personentypen enthalten, heißen entsprechend »heterogene Zielgruppen« (z. B. Leute mit Doktor-Titel, Geschäftsführer mittelständischer Unternehmen ab 50 Mitarbeiter oder Privatpersonen mit Wohnsitz im Umkreis von 10 Kilometern). Mit Zielgruppen befasst sich ausschließlich die Werbung. Ein Verkäufer kann einer Zielgruppe nichts verkaufen. Verkaufen kann man immer nur an eine individuelle Person (an einen Interessenten), ebenso wie auch nur eine individuelle Person letztlich etwas kaufen kann.

Qualifizieren: Ein Interessent wird qualifiziert, indem man herausfindet, in wie weit dieser Interessent tatsächlich ein Kunde werden kann oder eben nicht.

Tourist: (Slang) Ein »Tourist« ist jemand, der nur vorgibt, interessiert zu sein, aber eigentlich nicht plant, zu kaufen. Touristen wollen nur mal schauen, wollen Unterlagen, sich informieren (um dann nichts mit diesen Unterlagen oder Informationen anzufangen), oder spicken (Konkurrenten, die von den Ideen ihrer Mitbewerber abkupfern wollen). Man nennt solche Leute auch »Shopper-Stopper«. Man behandelt solche Leute höflich, doch für den professionellen Verkäufer ist die Arbeit mit Touristen immer reine Zeitverschwendung.

Raffelswald: Dummy-Name für eine Person.

Wimmeldibums: Dummy-Name für eine Sache.

Männlich/Weiblich in der deutschen Sprache: Zum Zweck der leichteren Lesbarkeit verzichte ich auf die permanente Ausführung der »political correctness« bei Personenbezeichnungen, daher seien bei »der Kunde« auch »die Kundin«, bei »der Interessent« auch »die Interessentin« und bei »der Verkäufer« auch »die Verkäuferin« mit eingeschlossen. Feministen und Feministinnen, Gleichstellungsaktivisten und -aktivistinnen bitte ich in diesem Punkt um Verständnis und Nachsicht.

Teil 1

Vom Unterschied zwischen einer Gerichtsverhandlung und einem Verkaufsprozess

Erstes Kapitel
Das Schlimmste zuerst: Interessenten lügen!

Provokationen habe ich im Vorwort dieses Buches angekündigt. Also fangen wir gleich mal mit einer besonders deftigten an.

Interessenten lügen! Um bei der Wahrheit zu bleiben, formuliere ich präziser: Nicht alle, aber viele Interessenten lügen. Und sie lügen nicht immer, aber immer öfter. Wenn Leute merken, dass sie möglicherweise in einen Verkaufsprozess verwickelt werden könnten, dann schaltet sich bei vielen eine seltsame Maschinerie ein. Sie sind dann nicht mehr ganz sie selbst, und ab da erzählen sie dem Verkäufer irgendetwas, nur nicht die Wahrheit!

Vom Erstkontakt, durch den ganzen Verkaufsprozess bis zum Abschluss, kann beobachtet werden: Viele Interessenten lügen! Lächelnd, geschmeidig, routinemäßig und ohne das kleinste bisschen Unrechtsbewusstsein.

Hier einige typische Beispiele (kennt jeder Verkäufer):

Telefonischer Erstkontakt:

Interessent (Sekretärin): *»Oh, ich erfahre gerade, Herr Raffelswald ist für heute gar nicht mehr im Haus, probieren Sie es doch morgen wieder!«*

Wahrheit: Ihre Rückfrage hat ergeben: Raffelswald kennt den Anrufer nicht, ist nicht interessiert und will nicht mit ihm sprechen. Die Sekretärin lügt. Der Interessent lässt lügen.

Telefonischer Erstkontakt mit Zielperson:

Interessent (Raffelswald ist selbst am Telefon): *»Können Sie mir erst einmal Unterlagen darüber zuschicken?«*

Aufstand der Verkäufer. Stephan Gebhardt-Seele

ISBN 978-3-527-50598-2

Wahrheit: Die Unterlagen interessieren ihn nicht, aber er will jetzt nicht in ein Verkaufsgespräch einsteigen und möchte die Kommunikation vielmehr schnell beenden. Raffelswald lügt.

Follow up:

Interessent: *»Ich bin noch nicht dazugekommen, mir Ihre Unterlagen anzusehen.«*

Wahrheit: Er hat sich die Unterlagen oberflächlich angesehen, danach weggeworfen oder abgelegt, aber nicht vorgehabt, sich näher mit dem Thema zu befassen. Der Interessent lügt.

Follow up:

Interessent: *»Ihre Unterlagen habe ich erhalten. Sehr interessant. Ich komme definitiv auf Sie zu, sobald es bei uns aktuell wird.«*

Wahrheit: Die Sache interessiert ihn nicht sonderlich. Hat nicht vor, auf den Verkäufer »zuzukommen«. Die Unterlagen sind irgendwo archviert oder weggeworfen worden. Der Interessent lügt.

Termin-Vereinbarung:

Interessent: *»Termin? Schaut zur Zeit ganz schlecht aus. Wir sind mitten in den Messevorbereitungen, da ist bei uns die Hölle los.«*

Wahrheit: Er selbst ist gar nicht direkt von den Messevorbereitungen betroffen. Einen Termin für etwas, das ihn wirklich interessieren würde, könnte er einrichten. Doch er möchte sich jetzt nicht festlegen. Überlegt, wie sich das erstmal auf die lange Bank schieben lässt. Der Interessent lügt.

Termin-Vereinbarung:

Verkäufer: *»Ich wäre am nächsten Dienstag ganz in Ihrer Nähe.«*

Interessent: *»Oh, nächsten Dienstag, das geht bei mir überhaupt nicht – da habe ich den ganzen Tag einen wichtigen Kunden da.«*

Wahrheit: Nächsten Dienstag ist kein einziger Termin im Kalender. Aber Dienstag ist schon bald und er möchte diesen Tag jetzt nicht mit einem nachrangig erscheinenden Termin blockieren. Der Interessent lügt.

Beim Termin:

Interessent (hat zugesagt, dass auch der Geschäftsführer anwesend sein wird): *»Herr Raffelswald lässt sich leider entschuldigen, es ist ein ganz wichtiger Kundentermin dazwischen gekommen.«*

Wahrheit: Der Interessent hat schon vorher gelogen. Er hatte den Geschäftsführer gar nicht auf die Teilnahme zum Termin verpflichtet gehabt. Und jetzt lügt er wieder, indem er behauptet, es sei etwas »dazwischengekommen«.

Beim Termin:

Interessent (hat sich vorher so dargestellt, als könnte er allein entscheiden): *»Vielen Dank für Ihre Präsentation. Geben Sie mir nun etwas Zeit, damit ich es der Geschäftsleitung vorlegen kann.«*

Wahrheit: Er hatte zu diesem Zeitpunkt gar nicht vor, es mit der Geschäftsleitung zu besprechen oder ist bereits im Vorfeld mit seiner Idee abgeblitzt. Der Interessent lügt.

Beim Termin:

Interessent: *»Können Sie uns darüber ein schriftliches Angebot machen?«*

Wahrheit: Die Sache hat ihn nicht vom Hocker gerissen. Er ist nicht an einem konkreten Angebot interessiert, möchte aber nicht unhöflich sein. Der Interessent lügt.

Follow up nach der Präsentation:

Interessent: *»Wir haben die Sache diskutiert und beschlossen, dass erst noch weitere Angebote eingeholt werden.«*

Wahrheit: Nichts ist diskutiert oder beschlossen worden. Der Vorgang liegt nach wie vor unbearbeitet auf seinem Tisch. Der Interessent lügt.

Follow up nach dem Präsentation:

Interessent: *»Die Sache ist nach wie vor interssant, aber wir möchten, bevor wir darauf zurückkommen, erst noch unseren Internetauftritt überarbeiten.«*

Interessent (Alternative, falls der Verkäufer die Überarbeitung von Internetseiten anbietet): *»Die Sache ist nach wie vor interssant, aber wir möchten, bevor wir darauf zurückkommen, erst noch abwarten, bis unser neuer Leiter Unternehmenskommunikation seine Stelle angetreten hat.«*

Wahrheit: Die Angelegenheit ist nicht interessant, sondern fürs Erste auf Eis gelegt geworden. Der Interessent lügt.

Follow-up nach schriftlichem Angebot:

Interessent: *»Mit Ihrem Angebot ist soweit alles in Ordnung, jetzt muss ich das noch mit meinem Geschäftspartner besprechen.«*

Wahrheit: Etwas an dem Angebot gefällt ihm so wenig, dass er nicht vorhat, das Angebot anzunehmen. Er möchte nicht weiter bedrängt werden und braucht einen Grund, den er später für eine endgültigen Absage vorschützen kann (siehe unten). Der Interessent lügt.

Follow-up nach schriftlichem Angebot:

Interessent (hat sich beim Termin so dargestellt, dass er für die Entscheidung zuständig ist): *»Wir haben intern darüber diskutiert,* *aber mein Geschäftspartner hat sich dagegen ausgesprochen, das Projekt jetzt schon anzugehen.«*

Wahrheit: Das Angebot sagt ihm nicht zu. Er möchte jedoch aus der Schusslinie sein und schickt eine andere Person vor, die angeblich »jetzt« dagegen ist, obwohl es auf deren Meinung eigentlich nicht angekommen wäre. Der Interessent lügt.

Follow-up nach schriftlichem Angebot:

Interessent: »*Wir haben Ihr Angebot intensiv diskutiert, müssen uns aber erst noch intern darüber klar werden, was wir generell wollen und wohin die Reise gehen soll.«*

Wahrheit: Kein Geld. Eine »intensive Diskussion« hat nicht stattgefunden und war auch nicht nötig. Der Interessent lügt.

Der Leser mag nun einwenden: Diese Beispiele klingen eher nach »Interessenten«, die eigentlich gar nicht kaufen wollen und nach Ausreden suchen – also gar keine richtigen Interessenten sind. Stimmt – wenn auch nicht ganz. Denn dieses Buch handelt gerade davon, *warum* Interessenten auf einmal keine mehr sind und wie man ihr Interesse konsequent rehabilitieren kann.

Doch darüber hinaus lautet die verblüffende Erkenntnis: Interessenten im Verkaufsprozess lügen auch dann, wenn sie eigentlich kaufen wollen. Sie erzählen dem Verkäufer eine bretthart Unwahrheit – lächelnd und ohne die geringsten Gewissensbisse. Auch hier wieder ein paar Beispiele:

Termin-Vereinbarung:

Verkäufer: »*Ich wäre am nächsten Dienstag ganz in Ihrer Nähe.«*

Interessent: »*Oh, nächsten Dienstag, das geht bei mir überhaupt nicht – da habe ich den ganzen Tag einen wichtigen Kunden da.«*

Wahrheit: Nächsten Dienstag ist kein einziger Termin im Kalender. Er interessiert sich zwar für den Termin, aber Dienstag ist schon in wenigen Tagen. Er möchte nicht so direkt vom Verkäufer »gesteuert« werden und ihm außerdem das Gefühl vermitteln, dass er sehr beschäftigt ist. Der Interessent lügt.

Beim Termin:

Interessent: »*Lassen Sie mich die Sache intern abstimmen und dann sprechen wir nächste Woche wieder darüber.*«

Wahrheit: Er würde am liebsten jetzt zugreifen, hat aber das Gefühl, dass man das grundsätzlich nicht tun sollte. Daher schützt er eine »interne Abstimmung« vor, die er gar nicht braucht und auch nicht vorhat. Der Interessent lügt.

Follow up nach der Präsentation:

Interessent: »*Wir haben die Sache diskutiert, aber einer der Geschäftsführer möchte, dass erst noch weitere Angebote eingeholt werden.*«

Wahrheit: Das Angebot erscheint ihm attraktiv, so dass er sich eigentlich nicht die Mühe machen möchte, weitere Angebote zu prüfen. Er will sich jedoch in eine gute Ausgangsposition für die bevorstehende Preisverhandlung bringen. Der Interessent lügt.

Follow-up nach schriftlichem Angebot:

Interessent: »*Wir haben darüber diskutiert, aber wir sind noch unentschlossen. Gibt es vielleicht die Möglichkeit, dass sie uns mit dem Preis noch etwas entgegenkommen?*«

Wahrheit: Er hat sich entschlossen, bei diesem Anbieter zu kaufen. Er gibt sich jedoch unentschlossen, um den Verkäufer dazu zu bringen, mit dem Preis herunter zu gehen. Der Interessent lügt.

Vor der Vertragsunterzeichnung:

Interessent: »*Ich habe die Vertragsunterlagen hier liegen. Ich muss sie mir nur noch einmal gründlich durchlesen, aber dazu komme ich erst Ende der Woche.*«

Wahrheit: Er hat alles geprüft und ist entschlossen, zu kaufen. Er will sich jedoch nicht zu folgsam geben und sich »alle Optionen« bis zum letzten Moment offenhalten. Der Interessent lügt.

Selbst im Schuhgeschäft kann man dieses Verhaltensmuster beobachten. In dem Augenblick, in dem der Verkäufer einen Versuch unternimmt, den Interessenten in ein Verkaufsgespräch zu verwickeln, schaltet sich die Lügenmaschinerie des Interessenten ein:

Interessent betritt das Schuhgeschäft:

Verkäufer (geht auf den Interessenten zu): *»Kann ich Ihnen helfen?«*

Interessent (ausweichend): *»Danke, Ich schau' mich nur mal um.«*

Wahrheit: Der Interessent lügt. Ein Besuch in einem Schuhgeschäft ist kein Sightseeing. Er will sich nicht »umschauen«, sondern hat vielmehr eine relativ bestimmte Vorstellung, welche Schuhe er sucht oder gerne kaufen würde (und er hat eine eindeutige Schuhgröße). Doch obwohl eine Verkaufsperson ihm viel schneller und direkter zu den Schuhen seiner Vorstellung verhelfen könnte, möchte er jetzt nicht in einen Verkaufsprozess verwickelt werden.

Ich möchte nochmal an meine Entschuldigung in der Einleitung zu diesem Buch erinnern. Es geht mir mit diesem Buch nicht darum, Interessenten an den Pranger zu stellen oder einfach nur an Interessenten herumzumäkeln. Und um bei der Wahrheit zu bleiben, wiederhole ich meine Präzisierung: Nicht alle, aber viele Interessenten lügen. Und sie lügen nicht immer, aber immer öfter.

Ein Verkäufer mit Erfahrung könnte nun dennoch protestieren und sagen: Was soll dieses Beschuldigen von Interessenten? Gilt es denn nicht als übergeordnete Regel, dass der Kunde »König« ist und »immer« Recht hat? Und hier meine Antwort:

1. Ein Kunde (siehe Definitionen) ist jemand, der bereits gekauft hat. Ein solcher darf »König« sein. Aber ein Interessent ist noch kein Kunde. Und ein Verkäufer ist kein Oberkellner. Denn in einem Kaffeehaus hat der Interessent seine Kaufentscheidung bereits fix und fertig gefällt, indem er sich in an einen Tisch setzte. Die Aufnahme der Bestellung durch den Oberkellner ist selbst dann, wenn der Kellner durch eigene Empfehlungen Zusatzverkäufe macht (neudeutsch »Cross-selling«) dem Wesen

nach kein Verkaufsprozess, sondern bereits ein Teil der Kundenbelieferung.

2. Ein Interessent ist kein König, sondern das, was er eben ist: Ein Interessent – ein möglicher, ein potenzieller Kunde. Welche faktische Potenz in dem Wort »potenziell« wirklich steckt, das muss der Verkäufer erst herausfinden.

Somit bleibt die Frage: Warum kommt es in einem Verkaufsprozess so leicht dazu, dass Interessenten nicht bei der Wahrheit bleiben, sondern gerade heraus Lügen erzählen? Die meisten Interessenten sind nämlich keinesfalls in allen Lebenslagen notorische Lügner.

Aber ausgerechnet in einem Verkaufsprozess verfallen viele Interessenten mit schöner Regelmäßigkeit in die Angewohnheit, dem Verkäufer Lügen zu erzählen. Was steckt hinter diesem Verhaltensmuster?

Ich werde dieser Frage im folgenden Kapitel genau auf den Grund gehen und Ihnen eine Antwort darauf geben.

Zweites Kapitel
Warum lügen Interessenten?

Es gibt genau zwei Gründe, warum Interessenten in Verkaufsprozessen lügen. Und keiner von beiden hat direkt etwas damit zu tun, dass der Interessent von vorneherein nicht kaufen will (das wäre nämlich ein Tourist – siehe Definitionen). Der Interessent lügt, um genau zwei Schwierigkeiten aus dem Weg zu gehen, die jedem Verkaufsprozess innewohnen.

Erste Schwierigkeit: Jeder Verkaufsprozess enthält eine Komponente, angesichts derer viele Menschen entweder ein bisschen oder sogar sehr nervös werden: Die Entscheidung! Kaufen oder nicht kaufen. Ja? Oder Nein?

Eine Entscheidung hat so etwas Endgültiges. *Pacta sunt servanda* lautet ein grundlegendes Prinzip unseres Rechtssystems: Verträge müssen eingehalten werden. Entscheidungen könnten falsch sein, Entscheidungen könnten negative Konsequenzen haben, eine Entscheidung zu treffen, beinhaltet Verantwortung für deren Folgen.

Der erste Grund, warum Interessenten in Verkaufsprozessen lügen, lautet also: Sie wollen sich vor einer Entscheidung drücken.

Zweite Schwierigkeit: Jeder Verkaufsprozess enthält eine Option, deren konkrete Ausführung vielen Menschen mit zunehmender Dauer des Vorgangs immer unangenehmer erscheint: Die Absage. Man muss jemanden, mit dem bereits in Verbindung steht und dem man sein Interesse signalisiert hat, eine Absage übermitteln, sein Angebot ablehnen, ihn unverrichteter Dinge nach Hause schicken. Keiner liebt es, eine Absage zu erhalten. Und kaum jemand erteilt gerne Absagen (Dieter Bohlen ist eine ganz seltene Ausnahme und außerderm wird er dafür bezahlt). Aus Sorge darüber, als wankelmütiger Schwächling dazustehen oder aus einem vagen Gefühl heraus in der Art von »Was du nicht willst, dass man dir tu‹, das füg' auch keinem anderen zu« haben eine Menge Leute enorme Hemmungen, eine direkte Absage zu übermitteln.

Aufstand der Verkäufer. Stephan Gebhardt-Seele

ISBN 978-3-527-50598-2

Der zweite Grund, warum Interessenten in Verkaufsprozessen lügen, lautet demnach: Sie fürchten sich davor, gegenüber dem Verkäufer eine Absage aussprechen zu müssen.

Diese beiden Gründe sind es, die in dem Interessenten den Wunsch erzeugen, einen begonnenen Verkaufsprozess wieder zu verlassen, sogar dann, wenn sie selbst schon viel Zeit und Aufmerksamkeit investiert haben.

Der Interessent selbst sieht das natürlich in der Regel anders. Er denkt, er möchte einfach nur »raus aus dem Verkaufsdruck« und in Ruhe gelassen werden. Es entgeht dem Interessenten, dass nicht der Verkäufer die Ursache dieses »Verkaufsdrucks« ist, sondern der Interessent selbst. Schließlich hat er sich an irgendeiner Stelle freiwillig auf den Verkaufsprozess eingelassen.

Das sind also die beiden Gründe, warum in Verkaufsprozessen so viel gelogen wird. Allerdings gibt es beim Lügen selbst weitere Probleme.

Lügen im internationalen Vergleich

Interessanterweise tun sich deutsche Geschäftsleute im internationalen Vergleich immer noch relativ schwer mit dem Lügen. Sie konstruieren deshalb ihre Ausreden sorgfältiger, geben sich mehr Mühe, glaubwürdig zu erscheinen. Auch tendieren die Verkäufer in Deutschland dazu, die sorgsam konstruierten Ausreden der Interessenten für bare Münze zu nehmen.

Die Deutschen sind – insbesondere bei geschäftlichen Angelegenheiten – im internationalen Vergleich eine der wahrheitsliebensten Gesellschaften überhaupt. Lügen gilt für viele immer noch als moralisch verwerflich, auch oder gerade in geschäftlichen Dingen. Gelogen wird, aber mit Gewissensbissen. Es gibt in vielen Kreisen immer noch das Leitbild des »ehrbaren Kaufmanns«, der sich in geschäftlichen Dingen strikt an die Wahrheit hält, Vereinbarungen mit Handschlag besiegelt und punktgenau einhält.

Deutsche Geschäftsleute gelten im internationalen Vergleich als korrekt, wahrheitsliebend, ergebnisorientiert und direkt (für die meisten anderen Gesellschaften definitiv *zu* direkt).

Deutschland gehört demnach auch zu den ganz wenigen Ländern, in denen man beim ersten Treffen mit einem neuen potenziellen Geschäftspartner *leicht* über den Hauptinhalt des angestrebten Geschäfts sprechen kann. Unter gewissen Umständen lässt sich bereits beim allerersten Termin vollständige Einigkeit über einen Verkaufsabschluss erzielen.

Vergleichen wir das mit dem anderen Extrem: China. Dort gehört die Lüge in Geschäftsangelegenheiten und in allen anderen Lebenslagen nicht nur zum selbstverständlichen Standardrepertoire, es ist vielmehr so, dass beide Gesprächspartner von vorneherein davon ausgehen, dass die Wahrheit auf keinen Fall ausgesprochen werden kann. Unter bestimmten Umständen würde man buchstäblich lieber sterben.

In jedem Einführungsseminar über Geschäftsbeziehungen mit fernöstlichen Ländern lernt man: Asiaten können nicht »nein« sagen. Es fällt ihnen nicht einfach nur schwer (so wie bei uns in Deutschland), es ist ihnen vollkommen unmöglich. Wenn sie also mit etwas nicht übereinstimmen und auf keinen Fall darauf eingehen wollen, dann sagen sie alles mögliche, nur nicht »nein«. Sie müssen lügen.

Sie sagen also »ja« oder eine Variante davon, obwohl sie das Gegenteil meinen, und der andere muss aus den feinen Nuancen von unzähligen möglichen Abstufungen eines »ja« erkennen, welche Sorte von »nein« gemeint ist.

Dieses Kommunikationssystem ist in asiatischen Kreisen so gut eingespielt, so selbstverständlich und so allgegenwärtig, dass man einen chinesischen Geschäftspartner unter Umständen tödlich beleidigen oder in eine äußerst verzweifelte Lage bringen kann, wenn man ihm geradeheraus die Wahrheit sagt oder ihn durch die Erinnerung an seine eigenen Worte in die Enge treibt.

Meiner Ansicht nach hat diese Art, miteinander umzugehen, einen leicht verstehbaren Hintergrund. Die chinesische Gesellschaft wurde über mehrere tausend Jahre von absolutistischen Herrschern unterdrückt, die einen äußerst autoritären Apparat von Soldaten und Beamten einsetzten, um das Volk in diesem riesigen Land unter Kontrolle zu halten. Nach einem – gesamtgeschichtlich gesehen – relativ kurzen Gastspiel der britischen Kolonialisierung kamen die Mao-Kommunisten und versklavten die Gesellschaft ein weiteres Mal mittels eines exzessiv strengen, obrigkeitshörigen Beamtenapparats, der diese Gesellschaft bis zum heutigen Tage auf autoritäre Weise zensiert und kontrolliert.

Auch aus unserer eigenen Vergangenheit (mit der Stasi-DDR und dem Naziregime) wissen wir: Totalitäre Regimes infiltrieren die Gesellschaft konsequent und sehr intensiv mit einer Lügenpropaganda, bei der alle möglichen Begriffe auf skurrile Weise verdreht und umdefiniert werden und alle mitmachen müssen. Die Bürger werden gezwungen, sich gegenseitig jeden Tag die gleichen Lügen zu erzählen, und sie tun es, obwohl klar ist, dass nichts davon stimmt – aus Angst, ihre wahre Gesinnung (bzw. die Fortexistenz ihres gesunden Menschenverstandes) könnte von irgendjemandem an die Schergen der Machthaber verraten werden.

Man könnte sagen, je länger eine Gesellschaft unter totalitärer Beherrschung zu leiden hatte, umso geübter sind die Leute im Lügen, desto weniger bereitet es ihnen Gewissensbisse und mutiert mehr und mehr zum selbstverständlichen Umgang untereinander. Es war schließlich über lange Zeit hinweg – oder ist es noch – die einzige Methode, um am Leben zu bleiben.

Während in Asien das Lügen als Teil der allgemeinen Kommunikationskultur permanent und in allen Lebenslagen Anwendung findet, kann man eine häufige Zuflucht zur Lüge in Deutschland nur in bestimmten Lebensumständen beobachten – typischerweise im Verkaufsprozess.

Ob Asien oder Europa – man könnte die Lügen einfach als ein »Schmiermittel« für »reibungslose« Kommunikation ansehen. Doch da gibt es noch einen entscheidenden Unterschied.

In den asiatischen Gesellschaften herrscht eine so breite Übereinstimmung über die Lüge als ein solches »Schmiermittel«, dass feine Nuancen innerhalb der Lüge dem Gesprächspartner die Wahrheit signalisieren. Verständigung kann sehr kompliziert werden, wird aber so praktiziert.

In Deutschland dagegen gibt es immer noch die Idee, dass jemand auch die Wahrheit sagen könnte, weil das ja eigentlich der moralisch gültige Standard ist. Insofern entsteht regelmäßig eine Unsicherheit darüber, ob jemand in einer bestimmten Situation die Wahrheit sagt, oder nur eine Ausrede benutzt, um sich dem Verkaufsprozess zu entziehen. Beispiel:

Beim Termin:

Interessent: »*Können Sie uns darüber ein schriftliches Angebot machen?*«

Vielleicht sagt der Interessent einfach die Wahrheit. Ein schriftliches Angebot ist unter Geschäftsleuten absolut üblich. Das würde bedeuten, er ist an einem Angebot interessiert. Es wäre demnach unklug, seine Aussage in Frage zu stellen, ihm seine Bitte abzuschlagen oder einfach kein schriftliches Angebot auszuarbeiten.

Doch vielleicht lügt er, um sich vor einer direkten Absage zu drücken. Und der Verkäufer muss sich dann die Arbeit mit dem Angebot völlig umsonst machen, weil der Interessent jetzt schon weiß, dass er das Angebot ablehnen wird.

Das ist das eigentlich Ärgerliche und das ist es, was den Verkäufer die meiste Zeit und die meisten Nerven kostet.

14 Stationen enthält der Kreuzweg Jesu Christi – Verkäufer haben es meiner Ansicht nach immer noch einfacher: In diesem Buch sind es nur fünf. Und darauf folgt eine Analyse der Ursachen und die versprochenen Abhilfen.

Drittes Kapitel
Der Kreuzweg des Verkäufers in fünf Stationen

Gerade weil die Deutschen eher wahrheitsliebend sind und der moralische Standard des »du sollst nicht lügen« immer noch existiert, irritiert es den Verkäufer, wenn er vermuten oder schlicht feststellen muss, dass ihn der Interessent vielleicht, wahrscheinlich oder mit neunundneunzigprozentiger Sicherheit angelogen hat. Und oftmals will man es als Verkäufer einfach nicht wahrhaben. Weil die Antwort, die man bekommen hat, dem eigenen Wunsch, einen Verkaufsabschluss zu machen, mehr entgegenkommt als die Annahme, dass der Interessent lügt.

Ich erinnere daran, dass ein Interessent von niemandem dazu gepresst wurde, zu behaupten, er wäre an irgendetwas interessiert. Per Definition ist ein Interessent jemand, der – auf welche Weise auch immer – freiwillig sein Interesse signalisiert hat.

Erste Station: Ansprechpartner sind nicht zu sprechen

Nicht am Platz, nicht im Haus, spricht gerade, in einem Meeting, auf einem Auswärtstermin, heute noch nicht da, kommt heute nicht mehr rein, ist gerade nicht auffindbar … Die Litanei der Verleugner bürdet dem Verkäufer eine Menge zusätzliche Arbeit auf, nur um mit dem Interessenten in Kontakt zu treten.

»Schicken Sie erstmal Unterlagen!« – »Nur schriftlich …« – »… am besten per E-Mail!« Obwohl Interesse signalisiert worden war, scheint es keine Möglichkeit zu geben, mit dem Interessenten zu sprechen! Warum nicht?

Klar sind viele Leute einfach nur unorganisiert. Aber wenn jemanden etwas wirklich interessiert, dann *ist* er zu sprechen. Dann *ruft* er zurück. Dann *sagt* er Bescheid, wann er zu erreichen ist und dann *hält* er sich an die Verabredungen.

Aufstand der Verkäufer. Stephan Gebhardt-Seele

ISBN 978-3-527-50598-2

Der Interessent lügt! Oder lässt lügen (sich verleugnen). Warum?

Antwort: Er verweigert sich der Kommunikation, weil er sich einem möglichen Verkaufsprozess oder einer Fortsetzung desselben entziehen möchte.

In meinem Unternehmen haben wir einen Merksatz zu diesem Thema, und der lautet: *Wer nicht sprechen will, wird auch nicht kaufen.*

Was tut man also mit solchen Leuten?

Antwort: Bevor ein Verkaufsprozess gestartet oder ein festgefahrener fortgesetzt werden kann, muss ein Kommunikationsprozess in Gang gebracht werden, den der Interessent nicht für einen Verkaufsprozess hält. Doch dazu später mehr!

Zweite Station: Ahnungslose wissen alles

Lästig für den Verkäufer sind Interessenten, die gar nichts über die Besonderheiten und Vorzüge seines Angebots wissen wollen. Sie interessiert anscheinend nur eins: der Preis.

Alles, was nicht ausschließlich über den Preis verkauft wird, benötigt jedoch einen Verkaufsprozess, der irgendwie auf das Produkt oder die Leistung des Anbieters eingeht. Doch der Interessent ist fixiert auf die Frage: Was kostet es??? Okay, was? Was kostet was? Diese Interessenten geben vor, sich informieren zu wollen, tun aber gleichzeitig so, als wüssten sie schon alles. Sie haben keine Ahnung, was ein »Wimmeldibums« ist, wollen aber erst mal wissen, was es kostet.

Für den Fall, dass ihnen der Verkäufer einen Preis nennt (egal wie hoch oder niedrig der ist), sind sie im Prinzip genau so schlau wie vorher. Denn sie können diesen Preis zu nichts Konkretem in Beziehung setzen. Selbst ein Preisvergleich mit verschiedenen Anbietern bringt ihnen nichts, wenn sie nicht auch ausreichend Informationen über Art und Umfang der Leistung einholen. Aber genau das wollen sie nicht tun. Sie geben sich vielmehr der Illusion hin, dass sie diese Informationen nicht brauchen oder operieren auf der Basis ihrer fixen Ideen.

Warum fragen sie nach einem Preis, obwohl sie mit der Preisinformation alleine gar nichts anfangen können?

Antwort: Weil sie sich davor fürchten, in einen Verkaufsprozess verwickelt zu werden.

Ich selbst halte in meinen Verkaufsgesprächen niemals eine »Präsentation« im herkömmlichen Sinne ab. Doch ich kann mich sehr gut an einige Verkaufsgespräche erinnern, in denen hauptsächlich der Interessent geredet hat, während er fast nichts über mich, mein Unternehmen und dessen Leistungen wusste. Ich habe solchen Interessenten diese Informationen auch nicht vehement aufgedrängt. Also hat der Interessent auch kaum etwas über diese Punkte erfahren. Eigentlich nicht besonders klug, oder? Und dennoch haben einige danach gekauft.

Dritte Station: Fragesteller wollen keine Antworten

Es gibt eine lustige Szene in dem Film *Und täglich grüßt das Murmeltier* mit Bill Murray, der einen mies gelaunten TV-Wetteransager namens Phil Connors spielt. In der ländlichen Pension, in der er nur widerwillig logiert, begrüßt ihn die Wirtin beim Frühstück mit: *»Guten Morgen Mr. Connors – wie wird das Wetter heute?«*

Darauf er: *»Heute ist es neben teils sonnigen Abschnitten wechselnd bis stark bewölkt, es bilden sich vereinzelte, im Norden am Nachmittag auch stärkere Schneefälle. Die Höchsttemperaturen liegen zwischen Werten um minus 5 Grad im Norden und 0 bis plus 5 Grad im Süden. Der Wind weht zeitweise mäßig, an der Küste auch frisch und böig aus West bis Nordwest …«*

(Die Wirtin schaut ihn entgeistert an) – Phil: *»… wollten Sie wirklich wissen, wie das Wetter wird oder bloß ein Schwätzchen halten?«*

Es gibt ein Faustregel für Verkaufsgespräche, die besagt: *Zwei Drittel der Zeit redet der Interessent, ein Drittel der Verkäufer.* Allerdings wird diese Regel praktisch von jedem Verkäufer (inklusive mir) regelmäßig verletzt. Woran liegt das?

Abgesehen von der Redseligkeit der Verkäufer liegt das am Interessenten selbst. Denn Interessenten stellen dem Verkäufer häufig Fragen, deren vollständige Antwort sie eigentlich gar nicht wissen wollen.

Interessenten fragen mich zum Beispiel häufig: »Wenn Sie dann für einen Kunden arbeiten: Wie läuft das dann genau, ab?«

Würde ich wahrheitsgemäß darauf antworten, würde sich das etwa so anhören wie die Szene oben mit dem Wettermann Phil Connors. Immer, wenn ich mich tatsächlich dazu hinreißen lasse, dem Interessenten dann eine Art Informationsvortrag zu halten, schaut der mich schon nach einer kurzen Weile mit großen Augen an, seine Konzentration lässt spürbar nach und er beginnt Signale auszusenden, die typisch sind für jemanden, der genug gehört hat.

Man könnte einwenden: Wäre eine solche Frage für einen richtig interessierten Interessenten denn nicht vollkommen logisch? Doch da muss ich widersprechen: Derartige Fragen sind nicht logisch, sondern nur sehr verbreitet, weil der Interessent in seiner Nervosität nicht die richtigen Fragen stellt, sondern die, die ihm als Erstes einfallen.

In einem Restaurant wäre die richtige Frage: *»Das Hirschgulasch mit Spätzle – ist das eine große Portion?«*, um einschätzen zu können, ob man auch satt werden wird oder vielleicht noch eine Vorspeise bestellen sollte. Im Restaurant stellen Gäste die richtigen Fragen. Sie sind nämlich nicht in einem Verkaufsgespräch, weil sie die eigentliche »Kaufentscheidung« schon vorher getroffen haben, nämlich beim Betreten des Restaurants.

Man stelle sich einfach nur die Loriot-artige Szene vor: Ein Gast in einem Restaurant würde dem Kellner eine für Kaufinteressenten typische Frage stellen und der Kellner würde wahrheitsgemäß darauf antworten:

Gast: *»Wenn ich nun dieses Hirschgulasch mit Spätzle bestelle – wie läuft das dann genau ab bei Ihnen?«*

Kellner: *»Nun, zunächst gebe ich Ihre Bestellung in die Registrierkasse ein. Daraufhin wird ein Bon gedruckt, den ich in die Küche bringe. Dort wird der Bon an ein Brett geheftet, an das alle Bestellungen in der Reihenfolge geheftet sind, wie sie vom Koch abgearbeitet werden müssen. Wenn Ihre Bestellung an der Reihe ist, wird der Koch den Bon an ein anderes Brett heften, wo die Bestellungen sind, die gerade bearbeitet werden. Dann wird er das Hirschgulasch aus den Kühlschrank nehmen, es anbraten und mit einer Rotweinsauce ablöschen. Während es gar wird, würzt der Koch das Gulasch und bereitet die Spätzle vor. Die sind schon halb fertig gekocht und werden nur kurz in Salzwasser gegart und danach in Butter geschwenkt. Schließlich drapiert er das Gulasch, die Spätzle und eine Portion Preiselbeeren auf dem Teller, stellt ihn in die Durchreiche, haut auf die Glocke und ich komme dann und bringe es zu Ihnen.«*

Gast: »*Aha* …«

Es ist klar, dass der Gast sich für die ganzen Details im Ablauf gar nicht interessiert. Nur seine verrückte Frage hat den Kellner dazu gebracht, dem Gast das alles zu erzählen (frei nach Loriot).

Oder hier die Loriot-Restaurant-Adaptation einer weiteren typischen Interessentenfrage (Haben Sie schon in unserer Branche gearbeitet?): »*Dieses Hirschgulasch mit Spätzle … haben Sie das schon für Leute gekocht, die so ähnlich ausgesehen haben wie ich?*«

Ein großer Fehler, den ein Verkäufer machen kann, ist der Versuch, dem Interessenten im Verkaufsgespräch eine fertige Lösung vorzuschlagen, *weil der Interessent danach gefragt hat*. Verkäufer, die sich immer gerne als »Berater« sehen, neigen jedoch dazu, genau das zu tun, wenn der Interessent fragt: »Welche Vorgehensweise würden Sie mir nun empfehlen?« – alles noch bevor ausreichend erörtert wurde, wo den Interessent tatsächlich der Schuh drückt und was ihm eigentlich im Kopf herumgeht.

»Welche Farbe würden Sie mir empfehlen?« fragt der Interessent. Der Verkäufer (geschmeichelt): »Nun, wenn ich mal darüber nachdenke und dieses und jenes in Betracht ziehe, würde ich sagen: Grün passt hier recht gut.« Und der Interessent, wie auf Kommando: »Grün – nein! Das ist eigentlich gar nicht das, was ich mir vorgestellt habe …«

Der Verkäufer denkt sich: »Warum fragt er mich dann überhaupt???« … und hat natürlich Recht damit.

»Wie würde das genau für uns aussehen?« – »Welche Strategie würden Sie in unserem Fall vorschlagen?« – »Welche Lösung würden Sie uns empfehlen?« – fragt der Interessent. Aber die vollständige und korrekte Antwort darauf will er eigentlich nicht wissen. Das kann man leicht daran erkennen, dass ein solcher Interessent die Antwort hauptsächlich als Anregung für weitere Einwände verwendet.

Der Interessent tut so, als würde den Verkäufer als Fachmann fragen. Aber wenn der Verkäufer den Fehler macht, als Fachmann zu antworten, ist die Tür weit geöffnet für Einwände des Interessenten oder Gründe, das Angebot abzulehnen.

Mein Knowhow wurde immer geschätzt von Leuten, *nachdem* sie mich beauftragt – also gekauft – hatten. Doch in den meisten Fällen, in denen ich mich selbst *bereits im Verkaufsgespräch* dazu hinreißen lassen hatte, detaillierte Fragen des Interessenten aus meinem Fachwissen heraus gut und vollständig zu beantworten, hatte der Interessent danach an der angebotenen Lösung irgendetwas auszusetzen. Es hat Ausnahmen gegeben, aber in nahezu allen Fällen, in der der Interessent mich *im Verkaufsgespräch* (also *vor* einer konkreten Beauftragung) wiederholt dazu aufgefordert hatte, ihm meinen fachlichen Rat zuteil werden zu lassen und ich darauf eingegangen war, ist kein Verkaufsabschluss zustande gekommen.

Selbstverständlich kann ein Verkäufer auf inhaltliche Fragen zu seinem Angebot nicht einfach sagen: »Das verrate ich Ihnen erst, wenn Sie gekauft haben, falls Sie es dann überhaupt noch wissen wollen.« Das wäre grober Unfug, allerdings ist es auch die ungeschminkte Wahrheit. Genau so *ist* es nämlich – wenngleich es meistens nicht empfehlenswert ist, einem Interessenten das so direkt zu sagen.

Doch da gibt es, wie ich später aufdecken werde, eine einfache Möglichkeit, zu antworten und dennoch den Verkaufsprozess am Laufen zu halten – mehr noch: das Verlangen des Interessenten sogar weiter zu steigern.

Vierte Station: Nichtentscheider machen auf entschieden

Ein Nichtentscheider kann – daher der Name – nichts entscheiden. Tatsächlich entscheiden tut niemand oder ein Anderer.

Daher kann ein Nichtentscheider nur zwei Dinge tun.

1. Sich wichtig machen.
2. Informationen sammeln.

   Nichtentscheider sammeln Informationen entweder ...

   a) aus eigenem Antrieb, mit der Idee, dem Entscheider später mit Hilfe der gesammelten Informationen einen Vorschlag vorzulegen, über den der Entscheider dann in der Regel abschlägig oder gar nicht entscheidet, oder
   b) im Auftrag, also als ahnungsloser Erfüllungsgehilfe für den unergründlichen Ratschluss des Entscheiders.

Die größte Sorge des Nichtentscheiders ist demnach, dass seine Hilflosigkeit vom Verkäufer aufgedeckt und er nicht mehr ernst genommen wird.

Um genau das zu verhindern, wird ein Nichtentscheider seine Anfrage an einen möglichen Lieferanten immer wesentlich entschlossener, detaillierter und mit mehr offiziösem Pathos stellen als ein richtiger Entscheider.

Typische Anfrage eines Nichtentscheiders (Assistent o.Ä.) per E-Mail:

Wir sind ein Unternehmen der X-Branche und planen, Arbeiten im Bereich Y outzuscourcen. Bitte beschreiben Sie Ihre Leistungen unter Berücksichtigung von

a) ...
b) ...
c) ...
d) ...

Nennen Sie uns Referenzen (in unserer Branche) und unterbreiten Sie uns ein schriftliches Angebot mit einer detaillierten Kostenaufstellung sowie der Beschreibung einer belastbaren Erfolgskontrolle.

Dagegen die typische Anfrage eines Entscheiders:

Entscheider (am Telefon): *»Sie haben uns da ja angeschrieben ... ja, nun, ich denke, wir sollten uns mal unterhalten.«*

Mit was für tollen Leuten ich schon Termine hatte! Darunter sehr sympathische Menschen. Angeregt wurde geplaudert und gegenseitiges Interesse bekundet. Konkret rausgekommen ist dabei nie etwas. Es waren keine Entscheider, die zwar ehrfurchtgebietende Titel auf der Visitenkarte hatten, ihr Anliegen mit würdevoller Entschossenheit vortrugen, ausführlich das ernsthafte Interesse seitens ihres Unternehmens erklärten, darlegten und begründeten, aber (leider, leider, leider) bei Angelegenheiten der Budgetplanung noch nicht einmal mitsprechen durften.

Einmal wurde mir beispielsweise die Gnade einer Audienz bei einer internationalen Fondsgesellschaft zuteil, einem noblen, weltweit operierenden Unternehmen, dessen Deutschland-Zentrale im Taunus in einem herrschaftlichen Schloss mit Parkanlage residiert. Schwarz uniformierte Security Guards am Eingang. Vier Meter hohe Räume, Parkett, Stuckdecken, erlesene Antiquitäten, Designermobiliar und Kunst an den Wänden. Mein Gesprächspartner, dessen Visitenkarte ihn auf geprägtem Bütten als »Leiter Unternehmenskommunikation« auswies, erschien im dunklen Anzug und doppelten Manschetten, präsentierte sich kompetent, mit exzellenten Umgangsformen, hatte ein konkretes Anliegen und war wirklich interessiert, uns zu beauftragen. Doch obgleich der feudale Auftritt den Eindruck erwecken könnte, dass unsere Honorare bei solchen Leuten in die Kategorie »Portokasse« fallen – der Mann konnte ungeachtet seines beeindruckenden Auftritts nichts entscheiden und hat es auch nach dem Termin nicht fertig gebracht, für seinen Vorschlag eine Genehmigung zu bekommen.

In einem anderen Fall hatte ich mich mit der »Marketingleiterin Deutschland« getroffen, eine fachlich sehr kompetenten Person, die mir im Gespräch einen vollständig ausgearbeiteten Plan von Aktionen inklusive genauer Zielvorgaben in mehreren Bereichen überreichte, auf dessen Basis wir ein detailliertes Angebot abgeben sollten. Was wir taten. Das Feedback: Die internationale Zentrale hat ihr jegliches Budget verweigert und damit die Beauftragung eines externen Dienstleisters kategorisch abgelehnt.

Es ist gemäß der Erfahrung aus über tausend Verkaufsgesprächen fast immer vergeblich, einen Verkaufstermin abzuhalten, wenn nicht mindestens ein kompetenter Entscheider am Tisch sitzt. Somit sind persönliche Gesprächstermine ausschließlich mit Leuten, die bei der Entscheidung über eine Beauftragung nichts zu sagen haben, sondern nur die im Termin erhaltenen Eindrücke an andere weitergeben sollen, so gut wie immer Zeitverschwendung. Warum? Weil ein solcher »interner Weiterverkauf«, ganz egal, wie der Nichtentscheider selbst das einschätzt, praktisch ausnahmslos in die Hose geht.

Assistenten, Marketingleute, Niederlassungsleiter, Juniorchefs, selbst Geschäftsführer abhängiger Tochterfirmen oder Deutschland-Geschäftsführer ausländischer Unternehmen – solche Leute machen dem Verkäufer einfach etwas vor, oder sich selbst. In letzterem Fall leiden sie unter einer sagenhaften Fehleinschätzung darüber, ob und wie es ihnen gelingt, eine Entscheidung für eine Beauftragung eines Lieferanten im eigenen Haus zu erwirken.

Nichtentscheider treten jedoch durchweg entschlossener auf als Entscheider. Das ist nur logisch, denn sie werden ohnehin nichts entscheiden, befinden sich also gar nicht im Stadium der Unentschlossenheit. Aber sie müssen sehr sorgfältig darauf achten, dass sie den Eindruck eines kompetenten Gesprächspartners aufrechterhalten. Denn sie wollen schließlich ernst genommen werden.

Wenngleich ein Nichtentscheider also praktisch nichts Brauchbares zu einem Verkaufsabschluss beiträgt, kann er ihn jedoch sehr leicht ruinieren. Daher braucht der gewiefte Verkäufer für solche Leute eine ganz spezielle Sonderbehandlung.

Fünfte Station: Entscheider wollen nicht entscheiden

Die »Entscheidungsmentalität« deutscher Entscheider beschrieb Daniel Pinnow, Geschäftsführer der Akademie für Führungskräfte in Überlingen, in einem Interview mit der *Süddeutschen Zeitung* auf treffende Weise. Sein Institut hatte über fünfhundert deutsche Führungskräfte zu ihrem Entscheidungsverhalten befragt. Das Ergebnis:

»Typisch für deutsche Unternehmen ist, dass jeder Beschluss durch Datenerhebung und Statistiken abgesichert wird. Oft ist dies eher ein Ritual, als dass es zu einer guten Erkenntnis führt …«

Drei Viertel der Entscheider, so ein Ergebnis von Pinnows Untersuchung, legten sich erst dann fest, wenn sie glaubten, alle relevanten Informationen zu besitzen.

Pinnow weiter: »Damit sind dem Vertagen, Verschleppen und Ausweichen von wichtigen Entscheidungen Tür und Tor geöffnet. Wann weiß ich denn, dass ich wirklich alle relevanten Informationen habe? Außerdem: Wenn sich eine Entscheidung aus Informationen zweifelsfrei ableiten lässt, ist es keine Entscheidung mehr, sondern eine einfache Berechnung. Dazu bedarf es keiner Führungskraft.«

Vollkommen richtig! Wir halten fest: Ein Entscheider braucht Mut, um zu entscheiden. Und der fehlt natürlich häufig. Wie schon im Kapitel 2 erörtert, fürchtet sich ein Interessent neben der Sorge, wie er gegebenenfalls eine Absage übermitteln soll, hauptsächlich vor der Entscheidung selbst, die am Ende eines jeden Verkaufsprozesses steht.

Zu Zeiten, in denen die Nachfrage höher ist als das Angebot (wie es beispielsweise in den sechziger und siebziger Jahren vielerorts der Fall war), bräuchte sich ein »Verkäufer« gar nicht mit Interessenten befassen, die unentschlossen herumüberlegen, sondern müsste nur eine Warteliste abarbeiten und nebenbei gnädigerweise den dreimal um den Block schlangestehenden Interessenten sein Produkt zuteilen – zum überhöhten Preis mit Expressaufschlag bei Lieferung innerhalb von achtzehn Wochen.

Nun ist ein aktiver Verkaufsprozess (im Gegensatz zu einer reinen »Zuteilung« nach Warteliste) immer dann notwendig, wenn die Marktsituation mehr Angebot auf weniger Nachfrage hergibt. Dieser Umstand allein verleiht dem Entscheider Macht über den Verkäufer!

Seit Menschengedenken demonstrieren diejenigen, die Macht haben, ihre Überlegenheit unter anderem damit, dass sie den weniger Mächtigen *warten* lassen. Der Rangniedrigere, Schwächere, Untergeordnete muss warten, während der Mächtige ihm auf diese Weise subtil seine Nachrangigkeit vor Augen führt. Und so wartet der Verkäufer. Auf eine Antwort, auf eine Rückmeldung, auf einen Termin – und auf die Entscheidung. Eine Entscheidung, die unter Umständen nie getroffen wird.

Entscheider drücken sich um eine Entscheidung, weil es ihnen – wie jedem Menschen – schwerfällt, eine Entscheidung zu treffen und, weil sie glauben, in der Position zu sein, dass sie den Verkäufer warten lassen können.

Also braucht der gewiefte Verkäufer auch für solche Leute eine wirksame Spezialbehandlung.

Viertes Kapitel
Tödliche Infusion für den Verkaufsprozess: Wie Interessenten systematisch ihr Interesse einschläfern

Eines vorweg zu Erinnerung. Wir besprechen hier noch nicht, wie man Interessenten herstellt (das kommt später). Wir besprechen zunächst, wie man einen Interessenten durch den Verkaufsabschluss in einen Kunden verwandelt.

Ein Interessent – zur Erinnerung – ist jemand, der sich für das Produkt, die Dienstleistung bzw. das Angebot des Verkäufers interessiert. Jawohl, er hat klar signalisiert: »Ich interessiere mich dafür.«

Und bevor wir im nächsten Kapitel zur Besprechung wirksamer Orientierungshilfen für die Irrfahrten des Interessenten auf dem Weg zum Verkaufsabschluss kommen, soll hier die Frage erörtert werden, warum das Interesse so vieler Interessenten, das sie signalisiert hatten, geringer zu werden scheint und plötzlich verschwindet. Warum?

Meine Antwort: Der typische, weit verbreitete Ablauf eines Dialogs zwischen Interessent und Verkäufer enthält ein tödliches Gift für den Verkaufsprozess. Das Verblüffende daran ist: Die Infusion wird vom Interessenten selbst gelegt, und der Verkäufer betätigt den Einschaltknopf. Und dann füllt er noch kräftig nach. Wie geht das?

Auch erfahrene Verkäufer unternehmen häufig Aktionen, die das Interesse von Interessenten systematisch abtöten. Sie tun das, weil Interessenten sie routinemäßig dazu auffordern und sie vehement zu solchen Aktionen einladen. Und sie tun es in der (verständlichen, aber irrigen) Annahme, dass wenn der Verkäufer tut, was der Interessent verlangt, ein Verkaufsabschluss wahrscheinlicher wird.

Der klassische Fall ist ein typisches Vorgehen von Anfängern (das aber auch von vielen Profis angewandt wird, die es eigentlich besser wissen müssten): Sie begnügen sich damit, dass der Interessent Interesse signalisiert, indem er um die Zusendung von Unterlagen bittet. Sie schicken die Unterlagen, um einige Zeit später »nachzuhaken«,

Aufstand der Verkäufer. Stephan Gebhardt-Seele

ISBN 978-3-527-50598-2

ob diese denn angekommen seien und ob der Interessent sie vielleicht schon hat anschauen können.

Warum ist das tödlich? Der Interessent erhält auf diese Weise eine wunderbare Vorlage für die leichtesten Ausreden, die man sich nur vorstellen kann: »Konnte die Unterlagen noch nicht anschauen«, »Habe die Unterlagen erhalten, aber noch nichts weiter entschieden«, »gerade keine Zeit, mich damit zu befassen« etc., etc., um die ganze Sache auf die lange Bank zu schieben. Ein Vorgang, der einige Male auf diese Weise verschleppt wurde, killt sich selbst. Sowohl der Interessent als auch der Verkäufer verlieren *mit der Zeit* (im wahrsten Sinne des Wortes) das Interesse.

Das Gleiche gilt für eine Konstellation wie diese: Beim letzten Telefonat hatte der Interessent behauptet, er müsse die Angelegenheit mit einer weiteren Person (Geschäftsführer, Partner, Ehefrau, Vater, Bruder, Onkel, Mitgesellschafter etc.) besprechen. Bei einem reinen »Nachhaken« in Form von *»konnten Sie es schon mit … besprechen?«* und *»was hat die Besprechung ergeben?«* hat der Verkäufer dem Interessenten gleich zwei Mal hintereinander die Tür weit geöffnet für die müdesten Ausreden, die die Welt je gehört hat.

Der Hauptgrund, warum selbst erfahrene Vertriebsleute so hartnäckig an diesem für den Verkaufsprozess tödlichen Verfahren festhalten, liegt einfach darin:

Der Verkäufer denkt zu logisch und damit zu eindimensional. Das Leben ist höchst selten streng logisch und folgt niemals nur einer einzigen Argumentationskette. Doch der alte Schuldrill des eindimensionalen Herleitens von Ergebnissen oder Beweisen, bei dem auf ein Argument das nächste folgt, bis zum unausweichlichen Abschluss – quod erat demonstrandum (lat.: »was zu beweisen war«, standardisierter Schlussatz nach jeder mathematischen Beweisführung): Nichts könnte weiter entfernt sein von der funktionierenden Praxis im Vertrieb.

Es *wäre* ja so schön logisch und folgerichtig: Interessent sagte, er muss sich die Sache noch anschauen und dann noch Dingens fragen. Natürlich hat er die reine Wahrheit gesagt, hat sich die Sachen angeschaut, Dingens gefragt und knallt nun beim nächsten Anruf die Hacken zusammen, um den Auftrag zu unterschreiben. Ja, wenn das so ablaufen würde, dann bräuchte man gar keine Verkäufer, sondern nur Vertragsformulare, die man am besten gleich mit einem ersten Mailing verschickt, worauf der Interessent – logisch und folgerichtig, wie immer – den unterschriebenen Vertrag zurückschickt, weil da doch eh alles klipp und klar drinsteht.

Was tatsächlich im Vertriebsprozess passiert, ist etwas ganz anderes.

Der Interessent ist zwar interessiert, aber desorientiert und unentschlossen. Das Leben ist ein riesiger Rummelplatz, der Interessent in der Regel unzureichend informiert. Nun hat der Interessent aber ursprünglich sein Interesse bekundet. Und jetzt rückt ihm der Verkäufer auf die Pelle. Die einfachste Möglichkeit für den Interessenten, aus dieser Situation wieder herauszukommen, ist, etwas passiven Widerstand zu leisten, bis er einen Grund gefunden hat, warum das Ganze wieder abgeblasen werden sollte.

Wenn der Verkäufer einfach nur das tut, was der Interessent will, dann wird der Interessent bald genug haben oder irgendeinen Grund finden, die Sache abzublasen, noch bevor er das Angebot des Verkäufers wirklich verstanden hat.

Wenn der Verkäufer immer nur logisch eindimensional denkt, dann wird er dem Interessenten immer nur die Frage stellen, für deren wahre Antwort *sich der Verkäufer selbst* am meisten interessiert.

Damit verhält sich der Verkäufer jedoch gerade so, als wäre der Vertriebsprozess eine Zeugeneinvernahme (mit dem Interessenten als Zeugen). Zeugen vor Gericht sind gesetzlich verpflichtet, Fragen zu beantworten und dabei die Wahrheit zu sagen. Aber die Wahrheit lautet leider: ein Vertriebsprozess ist so ziemlich das genaue Gegenteil einer Gerichtsverhandlung. Ein Interessent hat keinerlei Anlass, auf Fragen, die ihm nicht passen, die Wahrheit zu sagen oder überhaupt zu antworten. Im Gegenteil. Interessenten verwenden – wie bereits erörtert – *routinemäßig* Ausreden, um den Verkäufer abzulenken und die Entscheidung über die Angelegenheit vor sich her zu schieben – bis zum Sankt-Nimmerleins-Tag.

Der Verkäufer mag der Ansicht sein, es sei von entscheidender Bedeutung, wie der Interessent nach dem Erhalt der Unterlagen über die Sache denkt oder was »der Andere« gesagt hat, den er unbedingt noch fragen wollte. Doch für die Erzielung eines Verkaufsabschlusses sind diese Dinge irrelevant. Warum?

Weil die permanente Fehlfunktion, auf der das zeitraubende und zermürbende Hin und Her in Wahrheit basiert, so aussieht:

Der Verkäufer lässt sich vom Interessenten steuern, statt umgekehrt.

Interessent sagt: »Unterlagen«, Verkäufer schickt Unterlagen. Interessent sagt: »Bin noch nicht dazugekommen«, Verkäufer verspricht, später wieder anzurufen. Interessent sagt: »Ist jetzt noch nicht der richtige Zeitpunkt«, Verkäufer legt den Interessenten auf Wiedervorlage für später. Interessent sagt: »Kommt doch nicht in Frage«, Verkäufer legt den Verkaufsvorgang ad acta.

Beim Verkaufstermin passiert genau das Gleiche: Der Interessent erlangt die Kontrolle über den Verkaufsprozess mittels Fragen, die sich durchaus plausibel anhören. Der Verkäufer denkt, dass er mit der Beantwortung der Fragen dem Verkaufsabschluss näherkommt und unternimmt daher nichts, um die Kontrolle über den Verkaufsprozess wiederzuerlangen.

Der Interessent hat keine Ahnung, wie Verkaufsprozesse wirklich ablaufen und sorgt mit seiner für Interessenten typischen »Einkaufsmethode« konsequent für die schleichende Anästhesierung und schließlich endgültige Einschläferung der Angelegenheit in seinem eigenen Kopf.

Der Interessent hat die tödliche Infusion selbst gesetzt, indem er den Verkäufer permanent zu logischem Vorgehen und Folgerichtigkeit aufforderte, und der Verkäufer drückt auf den Knopf und füllt regelmäßig nach, indem er immer wieder darauf eingeht.

Heraus kommt: *Der Interessent steuert den Verkaufsprozess.*

Und das ist für den Verkaufsprozess tödlich.

Termin mit dem Interessenten:

Interessent: »*Erzählen Sie uns doch etwas über Ihr Unternehmen!*«

Verkäufer (hält einen Vortrag über sein Unternehmen).

Interessent: »*Interessant. Nun, wie funktioniert Ihr Produkt genau?*«

Verkäufer (hält einen Vortrag über die Funktionsweise seines Produktes).

Interessent: »*Interessant. Haben Sie denn schon für Unternehmen in unserer Branche gearbeitet?*«

Verkäufer (erläutert die Branchenreferenzen seines Unternehmens).

Interessent: »*Interessant. Was würden Sie speziell uns empfehlen?*«

Verkäufer (gibt eine kompetente Empfehlung ab).

Interessent: »*Interessant. Und was wird uns das kosten?*

Verkäufer (hält einen Vortrag über die Qualität seines Produktes und nennt schließlich einen Preis).

Interessent: »*Sehr interessant. Und was wären für uns die Rabattmöglichkeiten?*

Verkäufer (erörtert die Rabattmöglichkeiten).

nteressent: »*Vielen Dank. Nun, ich schlage vor, dass Sie uns darüber ein schriftliches Angebot zukommen lassen.*«

Verkäufer (verabschiedet sich, geht in sein Büro, arbeitet das Angebot aus und schickt es dem Interessenten).

Interessent: – – –

Ein Verkaufsprozess kann nur am Leben erhalten und zum Abschluss gebracht werden, wenn *der Verkäufer* den Verkaufsprozess steuert und nicht der Interessent.

Somit erhebt sich nun die Frage: Wenn der Interessent ständig danach strebt, die Kontrolle im Verkaufsprozess zu übernehmen, wie gewinnt der Verkäufer die Kontrolle und die Steuerung des Verkaufsprozesses zurück und behält sie?

Und damit zurück ins Funkhaus, zum nächsten Kapitel, mit der Abhilfe Nr. 1.

Fünftes Kapitel
Abhilfe Nr. 1: Inspector Columbo und das ›Nonsequitur-Prinzip‹

Inspector Columbo:

Hauptrolle in der gleichnamigen amerikanischen Krimiserie, die in den siebziger Jahren Kultstatus erlangte, Wiederholungen werden bis heute ausgestrahlt. Gespielt von Peter Falk, der für diese Rolle einen Golden Globe und vier Emmy Awards als bester Hauptdarsteller einer Fernsehserie erhielt. Typische Merkmale: Zerknitterter Trenchcoat; uraltes, klappriges Cabrio; Zigarrenstumpen; schusseliges Auftreten; löst alle Fälle, weil die Täter auf seine gespielte harmlose Begriffsstutzigkeit hereinfallen, ihn nicht ernst nehmen und sich dadurch immer mehr selbst verraten. Typische Handbewegung: In die Höhe gestreckter Zeigefinger. Typischer Satz: »Eine Frage hätte ich da noch …«

Interessenten verwenden zwei Methoden, um die Kontrolle über den Verkaufsprozess zu erlangen.

1. Sachfragen, die dem Verkäufer so plausibel erscheinen, dass er sie bereitwillig beantwortet.
2. Ausreden, die plausibel klingen, deren Aussagekraft über die tatsächlichen Verhältnisse man jedoch getrost in der Pfeife rauchen kann.

Die Beantwortung der Sachfragen beschäftigt den Verkäufer so sehr, dass er darüber vergisst, die Kontrolle über den Verkaufsprozess zu behalten und weiterhin zu verkaufen.

Die Ausreden beantworten die Fragen des Verkäufers auf eine Weise, dass dieser in die Irre geführt wird und darüber vergisst, den Verkaufsprozess weiter zu steuern.

Aufstand der Verkäufer. Stephan Gebhardt-Seele

ISBN 978-3-527-50598-2

Der Interessent verlässt sich dabei so sehr auf die Plausibilität seiner Fragen und auf die Logik, die Folgerichtigkeit, somit auf die Überzeugungskraft seiner Ausreden, dass er gar nicht merkt, wenn da plötzlich einer daherkommt, mit dem er überhaupt nicht gerechnet hat: *Inspector Columbo*.

Inspector Columbo als Verkäufer hat nämlich ebenfalls zwei Methoden, um die Kontrolle über den Verkaufsprozess zu erlangen und zu behalten. Und diese Methoden sind so dermaßen wirksam, dass kaum jemand etwas dagegen unternehmen kann.

Erste Methode: »Jetzt habe ich da mal eine Frage.«

Columbos häufigster Satz. Der Mann hat eine Frage.

Die wahre Kraft dieser Methode besteht nicht etwa darin, was die Frage ist. Sondern allein darin, dass Columbo seine Frage *ankündigt*.

Probieren Sie es aus. Unterbrechen Sie jemanden oder nutzen Sie seine Atempause, indem Sie laut und vernehmlich sagen: »Jetzt habe ich da mal eine Frage.« Oder: »Kann ich Ihnen eine Frage stellen?« Und dann schauen Sie Ihren Gesprächspartner erwartungsvoll an.

Sie werden sehen, der Gesprächspartner taucht augenblicklich aus seiner verzettelten Gedankenwelt auf, schaut Sie ebenfalls an und sagt: »Ja, bitte?«

Er fühlt sich ein bisschen geschmeichelt, dass ihn jemand konsultieren will und möchte jetzt gerne wissen, was die Frage ist. Es ist wie mit einem neutralen, verschlossenen Umschlag, auf dem nichts steht. Wer einen solchen Umschlag in seiner Post findet, wird ihn öffnen. Einfach nur, um zu sehen, was darin ist.

Columbo kündigt also eine Frage an, erhält die Aufmerksamkeit seines Gesprächspartners und dann stellt er die Frage. Und zwar nur eine (nicht mehrere auf einmal) – und er stellt sie so, dass am Ende der Frage hörbar ein Fragezeichen steht. Und dann ist er ganz still und schaut seinen Gesprächspartner einfach nur erwartungsvoll an.

Der Interessent antwortet. Columbo bedankt sich für die Antwort. (»Das ist ja wirklich interessant, da wäre ich so gar nicht drauf gekommen. Vielen Dank, Sir, Sie haben mir wirklich sehr geholfen.«) Und dann sagt er: »Eine Frage hätte ich da noch ...« – der Interessent guckt wieder erwartungsvoll – und Columbo stellt ihm die nächste Frage.

Das Verfahren ist ebenso einfach wie wirksam. Je weniger daran verändert oder hinzugefügt wird, umso wirksamer ist es:

Interessent (sagt irgendetwas oder nichts).

Verkäufer: »*Ich habe da mal eine Frage.*« (schweigt, schaut den Interessenten erwartungsvoll an)

Interessent (taucht aus seiner Gedankenwelt auf): »*Ja bitte?*«

Verkäufer (stellt eine Frage): »...?«
(nur *eine* Frage, mit eindeutigem Fragezeichen am Ende)

Interessent (beantwortet die Frage): »...«

Verkäufer (nickt): »*Sehr gut. Jetzt habe ich da noch eine Frage.*« (kurze Pause, schaut den Interessenten an, um sicherzustellen, dass er sein Aufmerksamkeit hat)

Interessent (erwartet die Frage).

Verkäufer (stellt eine Frage): »...?«

Interessent (beantwortet die Frage): »...«

Verkäufer (nickt): »*Ich verstehe. Jetzt habe ich da noch eine Frage.*« (kurze Pause, schaut den Interessenten an, um sicherzustellen, dass er seine Aufmerksamkeit hat)

Interessent (erwartet die Frage).

Verkäufer (stellt eine Frage): »...?«

Interessent (beantwortet die Frage): »...«

Verkäufer (nickt): »*Ausgezeichnet. Vielen Dank. Ich denke, ich kann Ihnen jetzt ein gutes Angebot machen. Wäre es in Ordnung für Sie, wenn ich Ihnen das bis Ende der Woche schicke und ich Sie dann anrufe, um noch ein paar Details zu besprechen?*«

Interessent: »*Selbstverständlich.*«

Es funktioniert wie Zauberei!

Es funktioniert sogar dann, wenn der Interessent seinerseits eine Frage gestellt hat.

Interessent: »*Was sind denn nun genau die Vorteile bei Ihrem Produkt?*«

Verkäufer: »*Das kann ich Ihnen ganz genau sagen. Jetzt habe ich da mal eine Frage.*« (schweigt, schaut den Interessenten erwartungsvoll an.)

Interessent (taucht aus seiner Gedankenwelt auf): »*Ja bitte?*«

Verkäufer (stellt eine Frage): »*...?*«
(nur *eine* Frage, mit eindeutigem Fragezeichen am Ende)

Interessent (beantwortet die Frage): »...«

Verkäufer (nickt): »*Sehr gut. Jetzt habe ich da noch eine Frage.*« (kurze Pause, schaut den Interessenten an, um sicherzustellen, dass er die Aufmerksamkeit des Interessenten hat)

Interessent (erwartet die Frage).

Verkäufer (stellt eine Frage): »*...?*«

Und so weiter!

Und damit kommen wir zur zweiten Methode von Inspector Columbo, die ich das »Nonsequitur-Prinzip« nenne.

Zweite Methode: Das »Nonsequitur-Prinzip«

non sequitur (lat.): »es folgt nicht«; **nonsequitur** (engl.): Eine Aussage, die nicht in logischem oder folgerichtigen Zusammenhang zu stehen scheint mit dem, was davor gesagt worden war.

(Quelle: Oxford Advanced Learners Dictionary, 2000)

Inspector Columbo ist (bis auf den finalen Showdown bei der Aufdeckung des Täters ganz am Schluss) *nicht logisch*. Er erhebt gar nicht erst den Anspruch eines angepassten Logikers, bei dem immer alles in Ordnung, nachvollziehbar und folgerichtig ist. Inspector Columbo ist vielmehr die personifizierte Unlogik: Verstrubbelt, unrasiert, ungefrühstückt und leicht zerstreut erscheint er am Tatort, trägt auch in der größten Hitze seinen zerknitterten Trenchcoat und raucht auch in vornehmer Gesellschaft seine stinkenden Zigarrenstumpen. Und dann stellt er ganz unschuldig seine Fragen. Dabei nimmt er bewusst in Kauf, dass ihn sein Gesprächspartner für ein bisschen begriffsstutzig hält, so dass dieser sich nun seinerseits damit profilieren kann, den vermeintlich Ahnungslosen aus dem Füllhorn seiner unendlichen Weisheit aufzuklären. Auf diese Weise erfährt Columbo, was er eigentlich wissen will.

Columbo ist zwar immer höflich (»ich verstehe Ihre Bestürzung sehr gut und möchte Sie wirklich nicht mit weiteren Fragen belästigen …«), doch gleichzeitig unlogisch, das heißt *nicht folgerichtig* (»… aber eine Frage hätte ich da noch.«)

Dieses Vorgehen ist wahrscheinlich für viele Menschen die schwerste Übung. Denn das ganze Leben hindurch, von Kindesbeinen an, durch die Eltern, in der Schule, in der Ausbildung, im Beruf – immer wurde uns beigebracht, dass der *richtige* Weg immer der stramm logische und folgerichtige ist.

Im Klartext: Wenn ein Interessent sagt, er sei nicht mehr interessiert, dann kann ich ihn wohl nicht mehr so befragen, ob er immer noch interessiert wäre.

Nun, und genau hier kommt wieder eine von den angekündigten Provokationen: Kann man doch! Mit Inspector Columbo. Das von mir so bezeichnete Nonsequitur-Prinzip lautet:

Inhaltliche Logik und Folgerichtigkeit spielen keine Rolle.

Keine. Überhaupt keine. Absolut keine. Wie geht das? Ich gebe zu, die Anwendung dieses Prinzips erfordert etwas Übung. Aber mit etwas Übung ist sie absolut durchführbar und vor allem: sie funktioniert!

Schon im letzten Beispiel habe ich eine Demonstration davon gegeben. Der Interessent stellt eine Frage. Offenbar will er eine Antwort. Der Verkäufer sagt aber nur, dass er die Frage beantworten kann. Doch dann gibt er keine Antwort, sondern stellt seinerseits eine Frage.

Der Verkäufer ist nicht logisch, nicht folgerichtig. Nonsequitur.

Interessent: »*Was sind denn nun genau die Vorteile bei Ihrem Produkt?*«

Verkäufer: »*Das kann ich Ihnen ganz genau sagen. Jetzt habe ich da mal eine Frage.*« (schweigt, schaut den Interessenten erwartungsvoll an.)

Interessent (taucht aus seiner Gedankenwelt auf): »*Ja bitte?*«

In einem Verkaufsgespräch, das so anfängt, kann es sehr gut sein, dass der Interessent nie mehr auf seine ursprüngliche Frage zurückkommt.

Mit der ersten Methode, der Inspector-Columbo-hat-eine-Frage-Methode, haben wir die ultimative Abwehr dagegen, dass der Interessent sich seine erste Giftinfusion legt, indem er den Verkäufer zum Vortrag auffordert.

Die zweite Methode, von mir das »Nonsequitur-Prinzip« genannt, weil es die Notwendigkeit von inhaltlicher Logik und Folgerichtigkeit verneint, ist nun die ultimative Abwehrkanone gegen alle Ausreden des Interessenten, die wahr sein könnten, es aber wahrscheinlich nicht sind.

Das Wesen einer Abwehrkanone besteht darin, dass die Flugzeuge schon im Anflug getroffen werden, noch bevor sie dazu kommen, ihre Bomben abzuwerfen.

Für den Verkaufsprozess bedeutet dies, dass der Verkäufer dem Interessenten schon vorher den Wind aus den Segeln nimmt.

Demonstrieren wir das anhand von Beispielen.

Beispiel 1:

Nehmen wir an, ein Interessent hat Unterlagen erhalten. Geschickt hat sie ihm der Verkäufer aus reiner Höflichkeit. Wenn er ihn nun anruft, geht er mit keiner Silbe auf die zugesandten Unterlagen ein. Weder will er wissen, ob der Interessent sie erhalten hat, noch, ob er sie schon anschauen konnte und erst recht nicht, was er von den Unterlagen hält oder wie er jetzt über die Sache denkt. Nein, der Verkäufer stellt ihm – ganz nach dem Vorbild von Inspector Columbo – eine völlig aus diesem Zusammenhang gerissene Frage, zum Beispiel:

Verkäufer: »*Mir ist da noch etwas eingefallen. Hatten Sie nicht erwähnt, Ihre Hauptzielgruppe sind Kommunen? Oder wären Sie auch an Aufträgen aus der Privatwirtschaft interessiert?*«

Interessent (verdutzt): »*Nun ja, das wäre wohl schon wünschenswert, obwohl wir uns bis jetzt eigentlich noch gar nicht darum gekümmert haben. Aber prinzipiell wünschenswert wäre es.*«

Verkäufer: »*Sehr gut. Jetzt habe ich da noch eine Frage.*«

Interessent (erwartet die Frage).

Verkäufer (stellt eine Frage): »*...?*«

Und so weiter.

Kein Wort mehr über die Unterlagen. War eh nicht wichtig.

Beispiel 2:

Der Interessent hat beim letzten Telefonat behauptet, er wolle es noch mit seinem Geschäftspartner besprechen.

Die logische, folgerichtige Aktion des Verkäufers wäre für seinen nächsten Anruf die Frage: »Konnten Sie es denn schon mit Ihrem Geschäftspartner besprechen – und wenn ja, wie denkt er darüber?«

Wenngleich das die Frage ist, deren Antwort den Verkäufer interessieren könnte, so wäre es das reine Gift für den Verkaufsprozess, diese Frage tatsächlich zu stellen. Eine solche Frage würde logisch auf die vorangegangene Ausrede des Interessenten folgen (die wahrscheinlich ohnehin eine Lüge oder eine Halbwahrheit war) und öffnet die Tür für weitere Ausreden und Verzögerungen. Also geht der Verkäufer mit keiner Silbe auf die vorangegangenen Gesprächsinhalte ein:

Verkäufer: »*Ich hatte mir ja notiert, dass ich Sie diese Woche wieder anrufe. Mir ist da noch eine interessante Möglichkeit eingefallen und ich denke, die sollten wir gesondert besprechen. Jetzt habe ich da mal eine Frage: Gibt es denn eine Gelegenheit, bei der ich mich mit Ihnen und Ihrem Geschäftspartner einmal gleichzeitig treffen kann?*«

Interessent (verdutzt): »*Nun, ich konnte ohnehin noch nicht mit meinem Geschäftspartner darüber sprechen. Vielleicht wäre das tatsächlich das Beste.*«

Verkäufer: »*In Ordnung. Was wäre denn ein guter Termin, an dem Sie beide anwesend sein könnten?*«

Interessent: »*Hm, lassen Sie mich mal nachsehen …*«

Beispiel 3:

Der Interessent behauptet, die Sache sei vorerst auf Eis gelegt und im Augenblick nicht mehr interessant. Man wolle gegebenenfalls wieder auf den Verkäufer zukommen, wenn sich daran etwas geändert hat.

Folgerichtige Logik würde gebieten, entweder den Vorgang ad acta zu legen oder zu versuchen, den Interessenten über den Grund seiner Ablehnung bzw. seines Sinneswandels zu befragen.

Den Vorgang abzulegen würde einfach nur folgsam auf das eingehen, was der Interessent gesagt hat (eine Ausrede, die höchstwahrscheinlich eine Lüge ist).

Die Gründe dafür, dass der Interessent jetzt plötzlich nicht mehr interessiert ist, sind für den Fall, dass er gelogen hat, nicht existent und für den Fall, dass er die Wahrheit gesagt hat, irrelevant.

Also geht der Verkäufer mit Hilfe des »Nonsequitur-Prinzips« mit keiner Silbe auf die Absage ein, sondern er geht vielmehr konsequent den Weg der Unlogik.

Verkäufer: »*Mir ist da noch etwas Wichtiges eingefallen. Der Hintergrund, warum Sie sich seinerzeit für das Produkt interessiert haben – das war doch, damit mehr Umsatz mit Bestandskunden gemacht werden kann, habe ich das richtig verstanden?*«

Interessent (verdutzt): »*Ja, das ist richtig.*«

Verkäufer: »*Aha. Jetzt habe ich da noch eine Frage:...*«

Wollen wir uns das mal auf der Zunge zergehen lassen. Der Columbo-Nonsequitur-Verkäufer sagt: »Mir ist da noch etwas Wichtiges eingefallen.« Und dann sagt er etwas, das schon vom Anbeginn des gesamten Verkaufsprozesses völlig klar war. Das ist also zu diesem Zeitpunkt weder etwas »Wichtiges«, noch kann ihm das gerade eingefallen sein. Das Ganze stimmt also hinten und vorne nicht. Und trotzdem: Der Intererssent bestätigt die Richtigkeit.

Die Fragen die dann folgen, könnten irgendwie lauten, auf irgendeine Weise den Verkaufsprozess an irgendeiner Stelle wieder aufnehmen.

Nehmen wir mal einen ganz schlimmen »Haarspalter«-Interessenten (nur spaßeshalber, denn die gibt es meiner Erfahrung nach eigentlich nicht), der glaubt, die Methode des Verkäufers aufgedeckt zu haben und sagt:

Interessent (verärgert): »*Sie haben gesagt, da wäre noch etwas ganz Wichtiges. Ich habe Ihnen gesagt, dass wir nicht mehr interessiert sind!*«

Verkäufer: »*Oh! Das tut mir leid. Nun, ich dachte, weil Sie gesagt haben, Sie sind nicht mehr interessiert, rufe ich noch mal an, um herauszufinden, ob Sie nicht vielleicht doch noch interessiert sind. Denn ursprünglich, als wir uns zum ersten Mal unterhalten haben, da waren Sie, wenn ich mich recht erinnere, sehr interessiert. Für mich war das schon sehr wichtig. Übrigens: Ich hätte da noch eine Frage: ...*«

Das Nonsequitur-Prinzip besagt, dass die gestellte Frage *irgendeine* Frage sein kann, die in keinem irgendwie gearteten Zusammenhang mit den vorher besprochenen Inhalten stehen muss. Der Verkäufer kann sich für solche Fälle eine einigermaßen umfangreiche Liste mit

Fragen vorbereiten und dann irgendeine beliebige auswählen. Die Sache funktioniert auf jeden Fall. Ich kann nur sagen: Probieren Sie es aus. Sie werden verblüfft sein.

Doch selbstverständlich *ist* es eine Überlegung wert, *welche* Fragen der Verkäufer stellen sollte, um nicht nur den Kommunikationsprozess aufrecht zu erhalten, sondern auch inhaltlich in Sachen Verkaufsabschluss voranzukommen.

Und genau das werde ich im folgenden Kapitel besprechen.

Sechstes Kapitel
Abhilfe Nr. 2: Die Fragen des Verkäufers

Bitte lassen Sie es mich noch einmal betonen: Wichtiger als *welche* Frage gestellt werden soll, ist für den Verkäufer, dass er *überhaupt* Fragen stellt.

Der Verkäufer kommt häufig nicht darum herum, dem Interessenten tatsächlich einige Dinge zu erklären oder seine Frage zu beantworten. Aber! Am Ende einer solchen Erklärung oder Antwort muss, muss, muss der Verkäufer dem Interessenten wieder eine Frage stellen. Irgendeine!

Der Verkäufer muss den Kommunikationsprozess und damit den Verkaufsprozess steuern. Und das tut er durch Fragen. Sobald er damit aufhört, ist er den todbringenden Marotten des Interessenten hilflos ausgeliefert. Dabei ist es unter Umständen gar nicht so wichtig, was der Interessent auf die Fragen antwortet.

Es gibt drei Kategorien von Fragen, die der Verkäufer dem Interessenten stellt.

1. Kaffeefragen
2. Qualifikationsfragen
3. Abschlussfragen

Kaffeefragen

Der Begriff »Kaffeefrage« ist (von mir geprägter) Slangausdruck. Ebenso, wie man jemanden auf einen Kaffee einlädt, während es natürlich nicht um den Kaffee geht, sondern um ein Gespräch, sind Kaffeefragen nicht etwa dazu da, die Antwort zu erfahren, sondern dienen vielmehr dazu, dem Gesprächspartner zu signalisieren, dass die Kommunikation an sich *ungefährlich* sein wird.

Aufstand der Verkäufer. Stephan Gebhardt-Seele

ISBN 978-3-527-50598-2

In der Verkaufsliteratur wird dies oft mit »Smalltalk« oder »Aufwärmphase« bezeichnet und ist heute eigentlich ein bekannter Bestandteil etablierter Verkaufsmethodik.

Dennoch bin ich der Ansicht, dass dieser Aspekt immer noch sehr oft vernachlässigt wird. In Studien über interkulturelle Geschäftsbeziehungen wird regelmäßig auf dieses Thema eingegangen, wobei den Deutschen eine übertrieben sachorientierte, geradzu schmerzhaft über-direkte Kommuikationsart attestiert wird, die in fast allen anderen Ländern ziemlich aneckt. Nicht wenige Kulturen veranstalten »Aufwärmphasen«, die sich über mehrere Treffen hinziehen, ohne dass überhaupt über das Geschäft geredet wird. Ich denke, dieser Aspekt wird in Deutschland bis heute unterschätzt.

Ob man es zugibt oder nicht: Sehr viele Leute haben schreckliche Angst vor der Kommunikation an sich. Angst davor, sich zu blamieren, Angst, nicht mehr weiter zu wissen, Angst, ihre Zeit zu verschwenden, Angst etwas Falsches zu sagen, Angst, sich festlegen zu müssen. Also muss man sie erstmal von dem Angst-Trip runterbringen und sie beruhigen. Wenn das getan ist, ist der Rest oft ein Kinderspiel.

Der Kern des Konzepts von Kaffeefragen liegt in der Absicht, dem Gesprächspartner zu signalisieren, *dass der Verkäufer ungefährlich ist!* Dass es vollkommen in Ordnung ist, zu sprechen. Einfach nur das.

Das funktioniert sogar dann, wenn das Thema, das es zu besprechen gilt, sehr unangenehm ist. Ich habe schon äußerst feindselige oder aufgebrachte Gesprächspartner einfach dadurch wieder »eingekriegt«, dass ich ihnen minutenlang signalisiert habe, dass die Kommunikation mit mir unproblematisch, ruhig, unverkrampft, windstill und in bester Ordnung ist. Sie brauchen sich keine Sorgen machen, nur weil sie mit mir sprechen müssen. Es ist alles in bester Ordnung.

Wenn die Person noch nicht richtig »warm« geworden ist, dann ist es natürlich auch in Deutschland verkehrt, mit der Tür ins Haus zu fallen und inhaltliche Details zu besprechen. Also kommen »Kaffee«-Fragen zum Einsatz.

Beispiele für Kaffeefragen

»Haben Sie ein schönes Wochenende gehabt?« (Montag)

»Ist es bei Ihnen auch so schönes Wetter?« (andere Stadt)

»Ist es in Ordnung, dass ich Sie auf Ihrer Mobil-Nummer anrufe?« (Handy)

»Das ist ja eine originelle Warteschleifenmusik, die Sie da haben. Wo haben Sie die denn her?« (nach dem Weiterverbinden)

»Das ist ja eine schöne Gegend, in der Sie da arbeiten – haben Sie diesen Standort schon lange?« (Termin beim Interessenten)

»Eine landschaftlich wunderbare Strecke zu Ihrer Firma – wohnen Sie auch in der Gegend?« (Termin beim Interessenten)

»Wow – für was haben Sie denn die vielen Pokale bekommen?« (Termin im Büro des Interessenten)

Ein häufiger Schwachpunkt bei Kaffeefragen besteht darin, dass der Verkäufer sie recht desinteressiert stellt. Der Interessent ist dann geneigt, sie ebenso desinteressiert zu beantworten, während er gedanklich schon drängelt, der Verkäufer möge doch bitteschön gleich zum Punkt kommen. Manche Interessenten neigen dazu, Zeitdruck vorzuschützen, um den (ihnen lästig erscheinenden) Smalltalk abzukürzen. Lustigerweise sind es oft genau die Interessenten, die, wenn man sie doch irgendwie »aufgewärmt« kriegt, plötzlich viel Zeit für die weitschweifigsten Konversationen haben.

Kaffeefragen können jedoch eine ganz erstaunliche Wirkung entfalten, wenn sie mit ehrlichem Interesse gestellt werden.

In der Zeit als ich an diesem Buch arbeitete, war ich jede Woche wegen Rückenproblemen bei einer Physiotherapeutin in Behandlung (was nichts mit dem Buch zu tun hatte). Die Physiotherapeutin war mir von meinem Orthopäden wärmstens empfohlen worden – allerdings mit dem Hinweis, dass sie eine lange Warteliste hätte und er sich persönlich dafür verwenden würde, damit ich sogleich Termine bei ihr bekäme.

Ganz im Gegensatz zu der Chefin war die Dame, die an der Rezeption ihrer Praxis saß, eine Person, die Kommunikation anscheinend grundsätzlich auf einem nicht reduzierbaren Minimum betrieb. Wenn ich hereinkam, sah sie erst gar nicht von ihrer Arbeit auf. Ich sagte dann vernehmlich »Grüß Gott!« (Bayern), und sie antwortete so kurz angebunden wie möglich – manchmal nur mit einem kaum wahrnehmbaren Nicken oder sie ließ einfach eine der anderen anwesenden Assistentinnen antworten. Ich wurde den Eindruck nicht los, dass Patienten, die hereinkommen (und deren Behandlung letztlich ihr Gehalt bezahlt) die Person eher störten.

Die Physiotherapeutin selbst begrüßte mich dagegen schon beim ersten Treffen äußerst warmherzig (mein physikalischer Auftritt am Anfang der Therapie muss wohl auch ziemlich mitleiderregend gewesen sein). Während der Therapiestunde, in der sie meine Rückenmuskulatur bearbeitete, befragte sie mich darüber, was ich beruflich mache. Ich hatte ihr von meiner Arbeit an diesem Buch erzählt, und in der Folgezeit sprach sie mich mehrmals darauf an und fragte, ob das Buch Fortschritte macht. Vor dem Hintergrund ihrer langen Warteliste hat sie sich bestimmt nicht sehr für das Thema dieses Buches interessiert. Auch für den Ablauf meiner Therapie war das Ganze eigentlich irrelevant. Dennoch hat sie ihre Fragen immer mit einer solch aufrichtigen Anteilnahme an meinem Leben gestellt, dass ich ihr nicht nur gerne geantwortet, sondern mich ausgesprochen wohl gefühlt habe. Ich begann zu verstehen, warum gerade diese Physiotherapeutin – abgesehen von ihrer fachlichen Expertise und trotz der abweisenden Art ihrer Rezeptionistin – so beliebt war.

Unsportliche Patienten (wie ich zum Beispiel) können ziemliche Jammerlappen sein. Unter Medizinern gibt es den Spruch »Heilberufe könnten so schön sein, wenn nur die Patienten nicht wären ...« Und so ist es gar nicht selbstverständlich, dass eine Therapeutin ihre gute Laune und Anteilnahme am Alltag der Patienten immer aufrecht erhält. Aber wirksam!

Inhaltlich, aus Sicht der Verkaufsmethodik, waren ihre Fragen an mich reine Kaffeefragen.

Die ultimative Kaffeefrage

Am Telefon gibt es jedoch ein weiteres Problem. Der Verkäufer muss oft mit jemandem sprechen, den er vorher noch nie gesehen oder kennengelernt hat. Eine gekünstelt gespielte Vertrautheit könnte schleimerisch anbiedernd oder völlig unpassend wirken. Kaffeefragen lassen sich bei einer völlig unbekannten Person am Telefon nicht ohne weiteres glaubwürdig rüberbringen.

Für diesen Fall habe ich eine *ultimative* Kaffeefrage entwickelt und schon viele Male erfolgreich getestet. Sie funktioniert immer, in jeder Ausgangssituation, sowohl bei Erstkontakten als auch bei Wiederaufnahme, Follow-ups und sogar Gesprächspartnern, mit denen schon häufig gesprochen wurde.

Meine ultimative Kaffeefrage lautet: »*Bin ich hier richtig?*«

Verkäufer (ruft an).

Rezeption: »*Firma Raffelswald GmbH, guten Morgen …*«

Verkäufer: »*Guten Morgen. Mein Name ist Gebhardt-Seele. Bin ich hier richtig bei der Firma Raffelswald GmbH?*«

Rezeption: »*Ja, da sind Sie richtig.*«

Verkäufer: »*Prima. Ich habe da eine Frage. Können Sie mich mit Herrn Raffelswald verbinden?*«

Rezeption: »*Sicher. Ich seh' mal nach, ob er da ist. Einen Augenblick bitte.*« (Warteschleifenmusik)

Interessent: »*Raffelswald …*«

Verkäufer: »*Guten Morgen, mein Name ist Gebhardt-Seele. Bin ich hier richtig bei Herrn Raffelswald?*«

Interessent: »*Ja, genau richtig.*«

Verkäufer: »*Prima. Ich habe da eine Frage …*«

Kleine Ergänzung: Ich empfehle niemals die Floskel »Ich hätte gerne mit Herrn Raffelswald gesprochen«, denn damit hat der Verkäufer genau genommen ausschließlich über sich selbst oder zu sich selbst geredet, jedoch nicht *mit* der Person am anderen Ende der Leitung. Ich empfehle, eine richtige Frage zu stellen. »Können Sie mich verbinden?« (Mal sehen, ob die Person es kann).

Die universell einsetzbare Kaffeefrage »Bin ich hier richtig?« hat noch ein weiteren, unschätzbarer Nutzen: Oft benötigt man die wohlwollende Kooperation von Rezeptionisten, Sekretärinnen oder Assistenten, um zum Interssenten durchgestellt zu werden. Die typisch deutsche Angewohnheit, die Person, die das Telefon abnimmt, inhaltlich völlig außen vor zu lassen und direkt nach seinem Ansprechpartner zu fragen: (ohne Smalltalk: »Ich hätte gerne Herrn Raffelswald gesprochen …«) kann die wohlwollende Kooperationsbereitschaft solcher Leute augenblicklich herabmindern. Denn sie wissen schon, wie unwichtig sie sind, werden durch das ruppige Vorgehen des Anrufers ein weiteres Mal daran erinnert und sind dann entweder völlig gleichgültig gegenüber dem Wunsch des Anrufers oder sie machen sich sogar noch extra ein bisschen wichtig, indem Sie für den Anrufer zusätzliche Barrieren aufrichten. Typische Standardfloskel, in spitz-offiziösem Tonfall vorgetragen: »Worum geht es denn bitte?«

Auch in einer solchen Situation hat meine Kaffeefrage »Bin ich hier richtig …?« schon viele Male Wunder gewirkt!

Bei der »Bin ich hier richtig«-Frage ist es übrigens völlig egal, wie deutlich der Angerufene seinen Namen oder den Namen der Firma ins Telefon geschnauzt hat (zur Erinnerung: Man muss nicht logisch oder folgerichtig sein). Der Verkäufer fragt nach, ob er »richtig« ist, die andere Person bestätigt, jawoll, hier sind Sie richtig. Und schon hat der Verkäufer einen kleinen Kaffee-Kommunikationsprozess vollständig abgeschlossen.

Auch bei persönlichen Besuchen funktioniert das. Ich komme rein und sage zu der Person an der Rezeption: *»Guten Tag! Mein Name ist Gebhardt-Seele vom gleichnamigen Pressebüro. Bin ich hier richtig für meine Verabredung mit Herrn Raffelswald?«*

Das funktioniert sogar dann, wenn der Andere ein bißchen verdutzt ist oder belustigt oder gar schnippisch antwortet. Der Verkäufer ist nun für die andere Person weniger gefährlich, kann leichter zu der anderen Person sprechen und der Andere leichter mit ihm. Außerdem hat der Gesprächspartner gerade selbst bestätigt, dass der Verkäufer »richtig« ist, also kann er mit seiner Kontaktaufnahme wohl kaum noch »falsch« sein.

Das mag sich spitzfindig anhören, funktioniert aber jedesmal mit erstaunlicher Präzision. Probieren Sie es aus!

Qualifikationsfragen

Der Verkäufer will herausfinden, ob und inwieweit ein Interessent tatsächlich geeignet ist, ein Kunde zu werden. Der Zweck von Qualifikationsfragen ist es, den Interessenten dementsprechend zu qualifizieren. Auch dieser Schritt wird – erstaunlicherweise – von vielen Verkäufern unterschätzt.

Das Versäumnis der ausreichenden Qualifikation eines Interessenten kann für den Verkäufer eine Menge vergebliche Arbeit und überflüssigen Nervenstress bedeuten. Denn ein Interessent, egal wie interessiert er sich darstellt, wird niemals etwas kaufen, wenn ihm schlicht die qualifizierten Voraussetzungen dafür fehlen.

Ein Ingenieur erzählte mir einmal von einer besonders haarsträubenden Begebenheit: Eine Angebots-Anfrage aus Singapur, welche an alle vier deutsche Unternehmen geschickt worden war, die eine ganz spezielle Maschine herstellten, wurde in allen vier Fällen mit einem vollständig ausgearbeiteten Angebot beantwortet. Um das Angebot wie verlangt zu erstellen, war die Arbeit von hundert Ingenieurtagen erforderlich gewesen. Aus Singapur kam jedoch kein Lebenszeichen mehr. Nachforschungen ergaben, dass die Adresse, an welche die Firmen die Angebote geschickt hatten, eine Studentenbude war, deren Bewohner diese Offerten für seine Diplomarbeit benötigt hatte. Alle Firmen hatten, ohne genauere Erkundigungen einzuholen, brav diese 100 Manntage investiert, um ihr Angebot präsentieren zu können.

Wenngleich das als Beispiel eher eine illustrative Anekdote ist: Warum sollte ein Verkäufer sich auf irgendwelche weitschweifigen Erörterungen über eine mögliche Beauftragung oder gar eine kostenlose Vorleistung einlassen, bevor er irgendeine Idee hat von der tatsächlichen Qualifikation des Interessenten? Qualifikationsfragen sind also ein absolut erforderlicher Bestandteil des Verkaufsprozesses.

Qualifikations-Fragen werden genau so lange verwendet, wie der Verkäufer *mehr Informationen* benötigt, um einschätzen zu können, ob und zu welchen Bedingungen ein Abschluss wahrscheinlich wird, wie er zu einem Abschluss kommt oder ob es sich lohnt, einen Termin zu vereinbaren.

Beispiele für Qualifikations-Fragen

»Haben Sie bisher schon mit einem ähnlichen Anbieter gearbeitet?«

»Auf welche Weise haben Sie diesen Aufgabenbereich bisher gelöst?«

»Wie sind Ihre Erfahrungen mit der bisher eingesetzten Lösung?«

»Wie waren Sie bisher mit den Ergebnissen in Form von ... zufrieden?«

»Welche Sorte von Ergebnissen haben Sie sich vorgestellt?«

»Welche Zielgruppe würden Sie mit der Maßnahme gerne ansprechen?«

»Sind Ihre Kunden im lokalen Umkreis oder eher in ganz Deutschland oder international?«

»Was ist es, das Sie von ihrem bisherigen Lieferanten in dieser Sache gerne haben würden, aber nicht bekommen?«

Obige Fragen sind Beispiele, die bei konkreter Anwendung natürlich noch auf die tatsächliche Situation hin präzisiert werden müssen.

Als spezielle Kategorie von Qualifikationsfragen können so genannte »Bewertungsfragen« gelten. Auch damit kann der Verkäufer Informationen über das Unternehmen des Interessenten oder den Interessenten selbst erlangen.

Bewertungsfragen und Protestfragen

Eine Bewertung ist eine Aussage *über* den anderen. Sowohl ein Kompliment »Sie sind sehr hübsch«, als auch eine Beleidigung »Sie sind unpassend gekleidet« als auch scheinbar neutrale Aussagen »Sie sitzen im dritten Stock« sind gleichermaßen Bewertungen, denn sie sagen etwas *über* den Anderen aus. Bewertungen bergen immer ein Risiko, denn der Interessent könnte protestieren (nicht unbedingt gegen den Inhalt der Aussage, aber gegen den Akt der Bewertung). Es ist fast immer unhöflich, *über* seinen Gesprächspartner zu ihm zu sprechen.

Es gibt allerdings auch Qualifikatiosfragen, die man nicht leicht stellen kann, ohne dass der Befragte das Gefühl bekommt, verhört zu werden. Zum Beispiel (am Telefon, im ersten Gespräch): »Welche Position haben Sie in Ihrem Unternehmen?«

Also erlaubt sich der Verkäufer hier, was man normalerweise vermeiden sollte, eine Bewertung. »Und Sie sind also der (leichtes Zögern) Geschäftsführer?«

Die Frage muss etwas zögerlich vorgebracht werden und als Bewertung muss man immer mindestens eine Kategorie höher greifen, als man vermutet. Denn jemand, der nicht der Geschäftsführer ist, kann dann leicht dementieren und zugeben, was er wirklich ist. Der richtige Geschäftsführer sagt einfach »Ja.«

Bewertungsfragen sind unter bestimmten Umständen erforderlich, um einen Interessenten »auf den Pott zu setzen«. Hier empfiehlt sich, die Frage auf die eigene Person zu beziehen (»Habe ich richtig verstanden, dass ...«), um die Bewertung anbringen zu können.

Beispiel: »Habe ich also richtig verstanden, dass Sie gemeinsam mit Ihrem Geschäftspartner über unsere Beauftragung entscheiden?«

Als spezielle Kategorie von Bewertungsfragen können »Protest-Fragen« gelten.

Protest-Fragen heißen so, weil sie absichtlich den Protest des Befragten herausfordern. Der Verkäufer äußert eine Bewertungsfrage, die genau darauf abzielt, dass der Interessent widerspricht.

»Muss ich das so verstehen, dass Sie eigentlich *gar kein* Budget haben?«

»Also das würde bedeuten – korrigieren Sie mich bitte, wenn ich verkehrt liege –, Ihr Geschäftspartner ist eigentlich strikt dagegen, dass wir für Sie arbeiten?«

»Nachdem Sie ja selbst ein globales Netzwerk von Niederlassungen haben, würde man erstmal annehmen, dass Sie sich einen Global Player als Lieferanten suchen. Warum kommen Sie dann zu uns – wir sind doch ein typisches mittelständisches Unternehmen?«

»Ist das so zu sehen, dass ein solches Projekt dann eher erst übernächstes Jahr in Frage kommt?«

Und hier noch (frei nach Inspector Columbo) die ideale Protestfrage zur Entlarvung von Touristen:

Verkäufer (gleichmütig): »*Muss ich das so verstehen, dass Sie eigentlich gar kein Budget vorgesehen haben?*«

Interessent: »*Nun ja, äh ... ein konkretes Budget haben wir dafür eigentlich derzeit nicht ...*«

Verkäufer (verschmitzt): »*Also, nur damit ich es verstehe: Sie haben aber nicht ernsthaft angenommen, dass wir ganz umsonst arbeiten, oder?*«

Durch den Protest des Befragten steigt seine Bereitschaft, sich zu äußern, und der Verkäufer erhält weitere Daten, und zwar ziemlich glaubwürdige.

Qualifikationsfragen: Ein originelles Lehrstück

Der Amerikaner David Ogilvy (23. Juni 1911 – 21. Juli 1999) war zu Lebzeiten der berühmteste Werbetexter der Welt. Er gründete 1948 die bis heute weltweit operierende Werbeagentur Ogilvy & Mather und galt über Jahrzente als der Grand Seigneur der internationalen Werbewelt. Gelernt hatte er als Verkäufer für Küchenherde und als Marktforscher beim amerikanischen Martkforschungsinstitut Dr. Gallup. In seinem Bestseller *Geständnisse eines Werbemannes* findet sich eine originelle Passage über eine Präsentation, zu der Ogilvy von den Vorständen eines angesehenen amerikanischen Verbands eingeladen worden war.

Der Vorsitzende erklärte Ogilvy das Prozedere: »Wir bitten Sie, uns Ihre Agentur vorzustellen. Draußen warten noch mehrere Vertreter anderer Agenturen. Nach fünfzehn Minuten läuten wir eine Glocke und der nächste Bewerber für die Beauftragung wird hereingebeten.«

Ogilvy war kein Narr. Bei Verbänden ist es nicht ungewöhnlich, dass zu viele Herren über zuwenig Geld entscheiden. Bevor er in den Ring stieg, erbat er sich die Antworten auf drei Fragen (Qualfikationsfragen!)

Erstens: »Um wieviele Themen geht es?«

Antwort: Alle Themen auf dieser Liste.

Zweitens: »Wieviele Personen werden über die Genehmigung der Anzeigenmotive entscheiden?«

Antwort: Alle zwölf Herren, die Sie hier sehen.

Drittens: »Welches Budget steht für die Kampagne zur Verfügung?«

Antwort: Hunderttausend Dollar.

Darauf Ogilvy: »Läuten Sie die Glocke.«

Ogilvy hatte kein Interesse mehr, für einen lächerlich kleinen Werbeetat zu präsentieren, während der Interessent einen extrem umfangreichen Arbeitseinsatz seitens der Agentur verlangte und langwierige Abstimmungen mit vielen Bedenkenträgern bereits im Vorfeld angekündigt worden waren.

Wie ich schon im ersten Kapitel erwähnte: Die wahre Potenz eines potenziellen Kunde ist etwas, das der Verkäufer erst ermitteln bzw. verifizieren muss. Qualifikationsfragen sind häufig das einzige Mittel, mit dem der Verkäufer sich vor exzessivem, aber unnötigem Arbeitsaufwand mit unqualifizierten Interessenten schützen kann.

Heute würde ein ähnlicher Qualifikationsprozess möglicherweise so ablaufen:

Interessent (nach wochenlangem Bemühen seitens des Verkäufers, einen Termin zu kriegen): »*Wir würden Sie gerne zu einer Präsentation einladen, bei der Sie uns einen Vorschlag für eine spezifische Lösung für unser Unternehmen unterbreiten.*«

Verkäufer: »*Oh, das freut mich zu hören. Jetzt habe ich da mal eine Frage: Steht denn die konkrete Beauftragung eines externen Dienstleisters in dieser Sache an oder wollten Sie sich nur generell mal über die Möglichkeiten informieren?*«

Interessent: »*Nun ja, äh ... wir möchten uns einige Anbieter ansehen und diese Frage dann intern noch einmal diskutieren.*«

Verkäufer: »*Also erst mal generell über die Möglichkeiten informieren?*«

Interessent: »*Könnte man so sagen, ja.*«

Verkäufer: »*In Ordnung. Darf ich Ihnen einen Vorschlag machen?*«

Interessent: »*Selbstverständlich.*«

Verkäufer: »*Wenn wir uns mal im Vorfeld einer solchen Präsentation kurz zusammensetzen, damit ich sicherstellen kann, dass wir Ihnen auch ganz konkret die richtigen Sachen präsentieren, wäre das in Ordnung mit Ihnen?*«

Interessent: »*Äh … nun, ich denke, das wird nicht nötig sein, denn wir schicken Ihnen jetzt per E-Mail unsere Spezifikationen.*«

Verkäufer: »*Okay. Wenn ich die Spezifikationen erhalten habe – darf ich Sie dann nochmal anrufen, für eventuelle Rückfragen?*«

Interessent: »*Natürlich.*«

Verkäufer (beendet das Gespräch und denkt sich): Aha. Klingt wie ein Tourist. Mal sehen, ob er wirklich Spezifikationen schickt. Und wenn ich die gesehen habe, sehen wir weiter, ob es sich überhaupt lohnt, sich mit dem zu treffen.

Natürlich würde unser Verkäufer im obigen Beispiel den Interessenten wieder anrufen, nachdem er die Spezifikationen erhalten hat, um weitere Qualifikationsfragen zu stellen und zu sehen, welche Informationen er aus dem Interessenten noch herausholen kann. Der Verkäufer muss das tun, um beurteilen zu können, ob sich eine solche Präsentation, die der Interessent sich wünscht, überhaupt lohnt.

Wozu viele Kilometer abradeln und eine heilige Messe zelebrieren für einen Interessenten, dessen Beauftragung unwahrscheinlich ist oder sogar für das Unternehmen des Verkäufers aller Voraussicht nach unrentabel?

Hardcore-Qualifikation: Taoismus im Vertrieb

Das Folgende ist nicht etwa eine religiöse Erörterung, sondern ein religionsgeschichtlicher Verweis zur Verdeutlichung eines brauchbaren Verfahrens im Vertrieb.

Der Taoismus entstand in der Zeit vom 6.–4. Jahrhundert v. Chr. in China, die legendenumwobene Gründergestalt ist Lao-Tse. Ihm wird das grundlegende Werk *Tao Te King* (Buch vom *Dao* und vom *De*, Buch vom Weltgesetz und seinem Wirken) zugeschrieben. Die Taoisten gingen davon aus, dass alle Bewegung und alles Leben in der Welt einer höheren Ordnung folge (das »Dao«), in sich perfekt und unveränderbar sei, jedoch dem Menschen durch rationale Überlegung nicht zugänglich. Deshalb sei es nicht ratsam, sich gegen diese höhere Ordnung der Dinge aufzulehnen oder diese zu bekämpfen, etwa in einer (typisch westlichen) Anstrengung, die Welt zu erobern. Es sei vielmehr angeraten, so viel wie möglich von dieser höheren Ordnung zu verstehen, um die ohnehin waltenden Kräfte für das Wohl des eigenen Lebens nutzbar zu machen.

Salopp ausgedrückt wäre das die Strategie, genau in dem Augenblick unter dem Apfelbaum zu stehen, in dem der Apfel ohnehin herunterfällt, statt etwa den Baum zu schütteln oder hinaufzuklettern, um den Apfel zu pflücken, oder (völlig überzogen) den Baum zu fällen, um an den Apfel zu gelangen.

In der hektischen, ungeduldigen, auf aggressive Eroberung ausgerichteten westlichen Welt scheint dieses Denken auf den ersten Blick nur wenig brauchbar. Und doch gibt es da einen Aspekt, den man mit hervorragenden Ergebnissen verwenden kann.

Der Vollständigkeit halber muss man festhalten, dass der Taoismus das individuelle Verursachungspotenzial des Menschen zu gering schätzte. Erfahrungsgemäß kann ein einzelner Mensch sehr wohl etwas verursachen. Er kann sehr wohl eigene Absichten haben und diese auch aktiv verfolgen. Gerade im Vertrieb, wo die eigenen Absichten und die Energie, mit denen der Verkäufer sie verfolgt, selbstverständlich die Hauptrolle spielen, stellt sich daher die Frage, wozu man sich mit den Vorstellungen fernöstlicher Mönche auseinandersetzen sollte, die dreißig Jahre Zeit haben, um einen Sandkasten zu rechen.

Es handelt sich um eine Spezialanwendung, die in einigen besonderen Fällen zum Einsatz kommt. Es geht hauptsächlich um die Behandlung von:

1. Interessenten, die sehr merkwürdige oder ungewöhnliche Ausgangssituationen präsentieren.
2. Interessenten, die durch übertriebene Heimlichtuerei auffallen, z. B. indem sie relevante Details oder den eigentlichen potenziellen Auftraggeber nicht offenbaren wollen.
3. Interessenten, hinter deren Geschäftsaktivität ein irgendwie fragwürdiger oder gar betrügerischer Beweggrund vermutet werden muss, oder einfach ein anderer als der, den sie vorgeben.
4. Vertreter von »Problembranchen«, die sich genau so problematisch benehmen, wie der Verkäufer es aus seiner Erfahrung von der jeweiligen Branche kennt.
5. Interessenten, die ungewöhnliche Bedingungen stellen, ungewöhnliche Zugeständnisse und Entgegenkommen seitens des Verkäufers fordern oder branchenübliche Bedingungen ablehnen.
6. Interessenten, die nicht für sich selbst anfragen, sondern vorgeben, als Mittler für potenzielle Dritte aufzutreten.
7. Interessenten, die sehr umfangreiche oder ungewöhnliche Geschäfte oder außergewöhnlich hohe Honorare in Aussicht stellen.

Als gemeinsamer Nenner aller oben genannten Kategorien könnte gelten: Solche Interessenten fordern vom Verkäufer deutlich mehr Aufmerksamkeit, mehr Vorleistung oder Sonderbehandlung; dem gegenüber steht jedoch eine sehr geringe, im Vergleich zum Durchschnitt deutlich niedrigere Wahrscheinlichkeit, dass ein vernünftiger Auftrag zustande kommt.

Pauschal gesagt, sind solche »Interessenten« häufig Touristen, mitunter jedoch gerissene Abzocker, Schmarotzer oder Schnorrer, manchmal aber auch zwanghafte Spielverderber. Das Prinzip eines Abzockers ist, mehr zu nehmen als zu geben. Das Prinzip von Schnorrern und Schmarotzern ist, etwas zu nehmen und nichts zu geben. Zwanghafte Spielverderber werden solange an einem Verkaufsabschluss arbeiten, bis der Verkäufer entnervt aufgibt oder ein Angebot annimmt, an dem er mit Sicherheit nichts mehr verdient. Und damit, falls sich einer dieser Eindrücke verfestigt, sind diese Kandidaten unqualifiziert.

Damit nun der Verkäufer angesichts solcher »Exoten-Interessenten« nicht in hektische Aktivitäten ausbricht und sich zu sehr von mehr erfolgversprechender Arbeit ablenken lässt, dient die »taoistische Weltsicht« als Leitlinie für das Vorgehen:

Die Aktivitäten des Verkäufers bezüglich solcher Interessenten werden im Stil stets freundlich und entgegenkommend, doch faktisch und handlungstechnisch so minimalistisch wie möglich angelegt. Mit jedem Millimeter, den sich der Verkäufer bewegt, wird ausgetestet, ob der Interessent sich ebenfalls noch auf ihn zu bewegt.

Einfaches Beispiel aus der Praxis meiner PR-Agentur:

Ein Interessent sagt schon beim ersten Gespräch am Telefon, dass er seine Texte selbst zu schreiben gedenkt, wir sollen sie »nur« in bestimmten Medien platzieren (fixe Ideen und mangelnde Übereinstimmung mit unseren Verfahren müssen vermutet werden, vor dem Hintergrund, dass eine redaktionelle Veröffentlichung keine bezahlte Anzeige ist, sondern von der Kooperation des jeweiligen Redakteurs abhängig). Bevor wir nun die Angelegenheit ausführlich diskutieren oder ihm einen Vortrag halten, warum das nicht funktionieren wird und ihm unsere Arbeitsweise erklären, antworten wir so:

»Wäre es denn möglich, dass Sie uns einen Text schicken, den Sie gerne platziert hätten, denn dann könnten wir Ihnen eine Einschätzung darüber geben, in wie weit das platzierbar ist.«

Und schon liegt der Ball wieder beim Interessenten. Mal sehen, ob er überhaupt was schickt. Und bevor die Sache nicht konkreter wird, brauchen wir uns nicht wieder damit zu befassen.

Der springende Punkt ist, mit einem Minimum an Einsatz seitens des Verkäufers den Ball an den Interessenten zurückzuspielen, um zu testen, ob dieser nun seinerseits aktiv wird. Dies allein gibt dem Verkäufer einen klaren Hinweis, wie konkret und ernst gemeint die Sache wirklich ist.

Für den Fall, dass ein solcher Interessent von vorneherein vorhatte, den Verkäufer einfach nur »auszuchecken« oder gar über den Tisch zu ziehen, wird er anhand des »taoistischen« Vorgehens schnell merken, dass er dem Verkäufer nicht die Wurst einer »möglichen Beauftragung« hinhalten kann, um Leistung ohne Gegenleistung zu erhalten.

Dieses Verfahren ist übrigens eine wirksame Abwehr gegen Hochstapler. Sobald die nämlich merken, dass der Verkäufer konsequent nach dem Prinzip »Ohne Geld keine Musi'« arbeitet und beim Interessenten keine vagen Andeutungen, sondern konkrete Schritte sehen will, ziehen sie sich zurück.

Interessenten auf den Pott setzen

»Auf den Pott setzen« ist eine Redensart, die bedeutet: Jemanden auffordern, jetzt sein Geschäft zu machen, sprich Klartext zu reden, oder es ist klar, dass die Sache nur heiße Luft war.

Bildungssprachlich heißt das: »Hic Rhodus, hic salta«.

Hic Rhodus, hic salta!

lat. Sprichwort: »Hier ist Rhodus, hier springe!«, soll heißen: Hier gilt es, hier zeige, was du kannst. Der Ausspruch beruht auf einer Fabel von Äsop (Nr. 203), die von einem Prahler erzählt, der sich rühmte, in Rhodus einst einen gewaltigen Sprung getan zu haben, und sich dabei auf Zeugen berief, die es dort mit angesehen hatten. Darauf habe einer geantwortet: »Freund, wenn es wahr ist, brauchst du keine Zeugen; hier ist Rhodus, hier springe!«

(Quelle: Meyers großes Konversationslexikon)

Bei Interessenten, die dazu tendieren, ewig um den heißen Brei herum zu reden, müssen mit Hilfe von Qualifikationsfragen aus den notorisch präsentierten »Vielleichts« Eindeutigkeiten gemacht werden.

Qualifikationsfragen für solche Kandidaten könnten so lauten:

Wird in Ihrem Hause eine Beauftragung eines Externen konkret in Erwägung gezogen?

Wird an eine konkrete Beauftragung eher im nächsten Jahr gedacht, oder im übernächsten oder ...?

Welche Person oder Körperschaft wäre dann unser Auftraggeber?

Wer in Ihrem Hause entscheidet letztlich über unsere Beauftragung?

Wie wahrscheinlich ist aus Ihrer Sicht eine konkrete Beauftragung?

Welche Informationen benötigen Sie, um uns tatsächlich beauftragen zu können?

Wichtig ist, bei solchen Fragen Worte wie »Beauftragung«, »Auftrag«, »Vertrag«, »Unterschrift« und ähnliche mit Nachdruck einzusetzen. Denn damit gibt der Verkäufer dem Interessenten das klare Signal: Werden wir jetzt bitte etwas konkreter, sonst ist die Angelegenheit eher zum Vergessen.

Ein tatsächlich unqualifizierter Interessent wird daraufhin sehr bald den (geordneten oder ungeordneten) Rückzug antreten und der Verkäufer hat wieder einmal viel Zeit und Nerven gespart.

Die ultimative Qualifikationsfrage

Mit mehreren Qualifikationsfragen konfrontiert, werden manche Interessenten unter Umständen das Gefühl bekommen, ausgefragt oder sogar verhört zu werden. Solche Interessenten können dann unruhig werden oder auch protestieren. Doch der wahre Hintergrund solcher Proteste liegt wieder einmal ganz woanders. Der Interessent fürchtet, dass seine mangelhafte Qualifikation aufgedeckt wird! Mangelhafte Qualifikation muss nicht heißen, dass der Interessent das Geld nicht hat. Sondern es kann auch ein gänzlich fehlendes Interesse an einer tatsächlichen Beauftragung sein. Für solche Leute haben Autohändler Expressobars und Kinderspielbereiche in ihren Häusern eingerichtet.

Für Fälle, in denen der Verkäufer vermutet, dass der Interessent eigentlich gänzlich unqualifiziert ist, gibt es eine ultimative Qualifikationsfrage.

Sie lautet: *»Wieviel Geld haben Sie?«*

Man kann höflicher formulieren (»Welches Budget ist für diese Angelegenheit vorgesehen?«), aber diese Frage hat eine sagenhafte Wirkung! Probieren Sie es aus. Diese Wirkung entfaltet sich sogar dann, wenn der Interessent sich weigert, eine konkrete Antwort darauf zu geben (was recht häufig geschieht).

Doch mit einer direkten Frage nach den finanziellen Möglichkeiten des Interessenten teilt der Verkäufer dem Interessenten unmissverständlich mit: Hören Sie, mein Freund: Wir machen das hier nicht aus Jux. Wenn Sie kein Geld haben oder kein ernsthaftes Interesse, oder wenn Sie glauben, es gibt hier was umsonst, dann verschwenden wir unsere Zeit. Also was ist?

Der Interessent wird hörbar nach Luft schnappen, und dann wird er antworten – oder eben nicht. Aber er wird verstehen, dass Sie angetreten sind, um einen Abschluss zu machen. Und falls der Interessent unqualifiziert ist, wird er den Rückzug antreten und dem Verkäufer damit eine Menge unnötige Arbeit ersparen.

Qualifikationsfragen als Troubleshooting

Qualifikationsfragen helfen, die Tür zum Abschluss zu öffnen, selbst wenn der Verkäufer feststellt, dass diese Tür zugefallen ist oder fest verschlossen zu sein scheint. Es lohnt sich also für den Verkäufer, etwas Zeit für die *Entwicklung* von Qualifikationsfragen zu investieren.

Nehmen wir nur als Beispiel einen Interessenten, der entschieden behauptet, er sei nur daran interessiert, den günstigsten Preis oder den höchsten Rabatt zu erhalten. Es hat keinen Sinn, einem solchen Interessenten die Qualität des eigenen Produktes zu predigen, denn der sagt dann einfach: Mag sein, aber der Mitbewerber ist billiger. Mit den richtigen Qualifikationsfragen kann der Verkäufer herausfinden, ob es doch eine Möglichkeit gibt, diesem Interessenten etwas zu verkaufen, oder eben nicht. Solche Fragen könnten zum Beispiel lauten:

Verkäufer: »*Jetzt habe ich da mal eine Frage:* (Pause) *Was genau lässt Sie so sicher sein, dass Sie bei einem billigeren Mitbwerber genau das Gleiche bekommen wie von uns?*«

Interessent (bockig): »*Das sagt mir meine Erfahrung.*«

Verkäufer (geht nicht auf die Antwort des Interessenten ein, sondern stellt einfach die nächste Frage): »*In Ordnung. Wären Sie denn interessiert, dass ich Ihnen etwas über den Unterschied erzähle?*«

Interessent: »*Okay.*«

Verkäufer: »*Gut. Vorweg mal eine Frage:* (Pause) »*Wir reden bei unserem Produkt X ja eigentlich vom Nutzen Y. Richtig?*«

Interessent: »*Richtig.*«

Verkäufer: »*Inwieweit ist dieser Nutzen Y für Sie eigentlich wünschenswert – ist das absolut notwendig, eher nice to have oder eigentlich nebensächlich?*«

Variante 1
Interessent: »*Absolut notwendig.*«

Verkäufer: »*Gut. Jetzt habe ich da noch eine Frage: Wenn das also so wichtig für Sie ist – wäre dann etwas, dass diesen Nutzen Y ausfallsicher garantiert, gegenüber einer anfälligeren Lösung für Sie attraktiver?*«

Interessent: »*Im Prinzip schon.*«

Variante 2
Interessent: »*Eher nice to have.*«

Verkäufer: »*Gut. Jetzt habe ich da noch eine Frage: Wenn Sie nun für etwas, das eigentlich unter Nice to have fällt, schon Geld ausgeben wollen, wäre dann nicht eine Lösung, die Nutzen Y ausfallsicher garantiert, also wirklich NICE to have ist, attraktiver gegenüber einer Lösung, für die Sie zwar Geld bezahlt haben, die aber anfälliger ist?*«

Interessent: »*Im Prinzip schon.*«

Variante 3
Interessent: »*Eigentlich nebensächlich.*«

Verkäufer: »*Gut. Jetzt habe ich da noch eine Frage: Wenn Sie schon für etwas, das Ihrer Ansicht nach eigentlich eher nebensächlich ist, Geld ausgeben wollen, wäre dann nicht eine Lösung, die Nutzen Y ausfallsicher garantiert, attraktiver gegenüber einer Lösung, für die Sie auch Geld bezahlt haben, die Sie aber in der Folgezeit zwingt, sich immer wieder mit dieser im Grunde nebensächlichen Angelegenheit auseinanderzusetzen?*«

Interessent: »*Darüber müsste man nachdenken.*«

In allen drei Varianten hat der Verkäufer zwar jetzt noch keinen Abschluss in der Tasche, aber die Tür, die scheinbar schon zugefallen war, ist wieder offen und der Verkaufsprozess kann weitergehen.

Interessenten, die sich der Beantwortung von solchen Qualifikationsfragen verweigern, offenbaren, dass sie ausschließlich deshalb den billigeren Anbieter bevorzugen, weil sie tatsächlich nicht genug

Geld für eine vernünftige Lösung haben (oder es handelt sich um die Sorte von Leuten, die die Schotten schon vor Jahrhunderten wegen deren Verschwendungssucht aus dem Land geworfen haben).

Das Wichtigste ist jedoch: In allen drei Varianten hat der Verkäufer darauf verzichtet, eine nutzlose Predigt über die Qualitätsmerkmale seines Produkts bzw. Angebots zu halten, sondern vielmehr Fragen gestellt und durch die Antwort des Interessenten mehr über dessen »state of mind« erhalten.

Qualifikationsfragen: Drei Dinge braucht der Mann …

Drei Dinge muss der Verkäufer in Erfahrung bringen, um den Interessenten wirksam auf der Spur zum Verkaufsabschluss zu halten.

1. Was ist es, das den Interessenten wirklich interessiert? Für was könnte er wirklich richtig »heiß« gemacht werden?
   Man kann nichts verkaufen, das der Interessent eigentlich nicht haben will oder das ihn trotz einer flammenden Lobrede des Verkäufers kalt lässt. Man kann nur etwas verkaufen, das der Interessent wirklich haben will. Welcher Aspekt des Angebots interessiert den Interessenten wirklich, für welchen Aspekt kann der Interessent begeistert werden?
2. Wer entscheidet, und wie läuft der Entscheidungsprozess genau ab? Wer erteilt letztlich den Auftrag?
   Man kann nichts verkaufen an jemand, der nicht über den Kauf entscheiden kann. Man kann einen Entscheidungsprozess, den der Interessent tatsächlich für notwendig hält oder gezwungen ist, einzuhalten, nicht einfach ignorieren.
3. Wieviel Geld hat der Interessent? Was ist sein tatsächliches finanzielles Potenzial?
   Man kann keinen Abschluss erzielen, wenn der Preis für den Interessenten schlicht außer Reichweite liegt, sei es, dass er nicht über diese Summe entscheiden kann oder sei es, dass er soviel Geld eben nicht aufbringen kann.

Was will der Interessent? Drei Qualifikationsfragen, die alles aufklären

Es muss immer wieder daran erinnert werden, dass der Verkäufer die richtigen Qualifikationsfragen für sein Produkt bzw. sein Angebot sorgfältig ausarbeiten muss. Es sind keine rhetorischen Tricks oder Standardfloskeln.

Gerade für die Aufgabe unter 1 im vorangegangenen Abschnitt (*Was ist es, das den Intressenten wirklich interessiert? Für was könnte er wirklich und richtig »heiß« gemacht werden?*) bedarf es unter Umständen einer sorgfältigen Untersuchung des Interessenten, denn Interessenten – wir hatten das Thema ja – glauben häufig, schon alles zu wissen. Sie fragen den Verkäufer nach Sachen, die sie eigentlich nicht brauchen, von denen sie nichts verstehen und die sie auch nicht bezahlen können. Dann finden Sie es »zu teuer« und der Verkäufer kriegt keinen Abschluss.

Zur Ausarbeitung der richtigen Qualifikationsfragen, um herauszufinden, was der Interessent eigentlich wirklich will, habe ich ein Schema von drei übergeordneten Qualifikationsfragen entwickelt. Ich nenne das »die drei Marketingfragen«. Die muss der Verkäufer natürlich aus der allgemeinen Form in die konkrete Situation passend übersetzen.

Allgemein ausgedrückt lauten die drei Marketingfragen wie folgt:

Erste Marketingfrage:

Welches Problem soll das Ding lösen, für das der Interessent gerade behauptet, sich zu interessieren?

Zweite Marketingfrage:

Was ist für den Interessenten die bisherige Lösung für dieses Problem?

Dritte Marketingfrage:

Was ist aus der Sicht des Interessenten das Problem in der bisherigen Lösung?

Beispiel: Privatperson behauptet, sich für ein neues Auto zu interessieren

1. **Welches Problem soll das Ding lösen, für das der Interessent gerade behauptet, sich zu interessieren?**

Verkäufer: *Wie verwenden Sie Ihr Auto üblicherweise?*

Antwort des Interessenten: *Bequem zur Arbeit fahren und für Freizeitausflüge zu zweit.*

2. **Was ist für den Interessenten die bisherige Lösung für dieses Problem?**

Verkäufer: *Welchen Wagen fahren Sie jetzt?*

Antwort des Interessenten: *Einen Hatschibuschi XY ungelöst.*

3. **Was ist aus der Sicht des Interessenten das Problem in der bisherigen Lösung?**

Verkäufer: *Warum möchten Sie den nicht einfach weiterhin fahren?*

Antwort des Interessenten: *Häufige Reparaturen, sieht schon etwas abgeschabt aus und: Eigentlich hätte ich gerne einen Cabrio!*

Verkäufer: *Ich verstehe! Jetzt habe ich da mal eine Frage …*

Noch bevor der Verkäufer sich also die Mühe macht, irgendwelche Vorzüge aller möglichen neuen Autos zu preisen, die er liefern könnte, hat er mit Hilfe der drei Marketingfragen schon eine recht gute Idee erhalten, worauf es dem Interessenten wahrscheinlich wirklich ankommt.

Beispiel: Unternehmensgeschäftsführer behauptet, sich für eine Softwarelösung zu interessieren

1. **Welches Problem soll das Ding lösen, für das der Interessent gerade behauptet, sich zu interessieren?**

Verkäufer: *In welchem Gebiet werden Sie die Software hauptsächlich einsetzen?*

Antwort des Interessenten: *Zur Berechnung von Wimmeldibums.*

2. **Was ist für den Interessenten die bisherige Lösung für dieses Problem?**

Verkäufer: *Auf welche Weise werden die Wimmeldibums bislang berechnet?*

Antwort des Interessenten: *Mit Exceltabellen.*

3. **Was ist aus der Sicht des Interessenten das Problem in der bisherigen Lösung?**

Verkäufer: *Was ist aus Ihrer Sicht der Grund, warum das nicht einfach beibehalten werden sollte?*

Antwort des Interessenten: *Es ist keine einheitliche Lösung. Jeder macht es anders und deshalb ist die Zusammenführung der Daten mühsam und fehleranfällig.*

Verkäufer: *Ich verstehe! Jetzt habe ich da mal eine Frage...*

Und wieder: Noch bevor der Verkäufer einen Vortrag darüber hält, wie toll seine Software ist und was sie alles kann, hat er mit Hilfe der drei Marketingfragen eine Idee erhalten, worauf es dem Interessenten wahrscheinlich wirklich ankommt.

Kleiner Einschub: Es ist durchaus möglich, dass der Verkäufer als erfahrener Experte auf dem Gebiet seines Produktes diese Fragen auch selbst beantworten kann. Doch es wäre ein schwerer Fehler, wenn er es vor dem Interessenten täte! Verkäufer tun dies mitunter in der Anstrengung, dem Interessenten zu demonstrieren, wie viel sie von der Sache verstehen. Jedoch: Nicht die Sicht des versierten Experten, sondern die subjektive Sicht des Interessenten ist es, über die der Verkäufer mehr herausfinden will.

Der Verkäufer kann einen Interessenten nicht an einer Stelle abholen, an der er sich aus Sicht eines Experten vernünftigerweise befinden sollte, sondern nur da, wo der Interessent tatsächlich ist (und Sie werden staunen, wo und auf welchem Wissensstand Interessenten sich bei genauerem Hinsehen tatsächlich befinden).

An dieser Stelle noch ein Nachtrag. Der erfahrene Autoverkäufer mag einwenden: Häufig kommen Leute rein, die sich schon im Internet genau informiert haben und sagen: »Ich interessiere mich für das Cabrio Tinnitus 3000.«

Nun, der Interessent interessiert sich also ganz konkret. Das ist schön. Aber Vorsicht! Rekapitulieren wir das Thema Steuerung des Verkaufsprozesses. Der Interessent ist gerade dabei, sich selbst die Giftspritze zu setzen, indem er den Verkäufer auffordert, ihm, dem Interessenten, die Steuerung zu überlassen und eine Art Präsentation von Cabrios zu veranstalten.

Damit will ich sagen: Die Nummer mit den Qualifikationsfragen funktioniert – in Verbindung mit Inspector Columbo und der Nonsequitur-Taktik – auch bei solchen Leuten.

Beispiel: Privatperson behauptet, sich für das Cabrio Tinnitus 3000 zu interessieren

Interessent: *Ich interessiere mich für das Cabrio Tinnitus 3000.*

1. **Welches Problem soll das Ding lösen, für das der Interessent gerade behauptet, sich zu interessieren?**

Verkäufer: *Oh, der Tinnitus 3000! Hervorragend. Gut möglich, dass ich da gerade ein sehr interessantes Modell da habe. Jetzt habe ich da vorweg mal eine Frage. Wie verwenden Sie Ihr Auto üblicherweise?*

Antwort des Interessenten: *Bequem zur Arbeit fahren und für Freizeitausflüge zu zweit.*

2. **Was ist für den Interessenten die bisherige Lösung für dieses Problem?**

Verkäufer: *Welchen Wagen fahren Sie jetzt?*

Antwort des Interessenten: *Einen Hatschibuschi XY ungelöst.*

3. **Was ist aus der Sicht des Interessenten das Problem in der bisherigen Lösung?**

Verkäufer: *Warum möchten Sie den nicht einfach weiterhin fahren?*

Antwort des Interessenten: *Häufige Reparaturen, sieht schon etwas abgeschabt aus und: Eigentlich hätte ich gerne einen Cabrio!*

Verkäufer: *Ich verstehe! Jetzt habe ich da mal eine Frage ...*

Qualifikationsfragen: Zusammenfassung

Qualifikationsfragen sind Fragen, die der Verkäufer stellt, weil er tatsächlich inhaltlich die Antwort wissen will.

Der Verkäufer stellt solche Fragen nur aus einem einzigen Grund: Um diejenigen Informationen zu erhalten, mit deren Hilfe er die richtigen Abschlussfragen stellen kann.

Denn der Merksatz lautet: *Einen Abschluss erhält man durch Abschlussfragen.* Womit wir beim nächsten Thema angelangt wären.

Abschlussfragen

Abschlussfragen sind das Verblüffendste am ganzen Verkaufsprozess. Richtige Abschlussfragen haben drei hochinteressante Eigenschaften.

1. Nicht die Frage des Verkäufers, sondern die Antwort des Interessenten macht den Abschluss wahrscheinlicher.
2. Die Antwort des Interessenten macht den Abschluss wahrscheinlicher, obwohl der Inhalt der Antwort häufig irrelevant ist.
3. Eine Abschlussfrage bezieht sich niemals auf den Abschluss!

Hier ist ein Beispiel für eine typische Abschlussfrage:

> Autoverkäufer: »*Wohin werden Sie mit Ihrem neuen Wagen als nächstes in Urlaub fahren?*«
>
> Interessent: (erzählt über sein geplantes Urlaubsziel).
>
> Autoverkäufer: »*Hört sich gut an!*«
>
> Interessent: (denkt an seinen geplanten Urlaub im neuen Auto, das er genau genommen noch gar nicht gekauft hat).

Dieses Beispiel verdeutlicht glasklar die Anatomie und damit das Prinzip einer Abschlussfrage: Die Frage bezieht sich nicht auf den Verkaufsabschluss, sondern sie fragt nach etwas, das nur dann einen Sinn ergibt, wenn der Verkaufsabschluss schon Vergangenheit ist. Sie impliziert den fertigen Abschluss, sie ignoriert die Frage des »ob oder ob nicht« als selbstverständliche Voraussetzung und macht sie zu einer völlig nebensächlichen Angelegenheit, die ohnehin bereits entschieden und beschlossene Sache ist.

Mit jeder weiteren Abschlussfrage wird der bangen Frage »ob oder ob nicht« und der damit verbundenen Angst des Interessenten vor der Entscheidung Energie entzogen.

Der Unterschied zwischen Qualifikations- und Abschlussfragen

Das Verstehen der Anatomie von Abschlussfragen ist sehr, sehr wichtig. Qualifikationsfragen und Abschlussfragen könnte man leicht durcheinanderbringen. Sehen wir uns die Sache deshalb genauer an.

»Wieviel darf das neue Auto Ihrer Vorstellung nach ungefähr kosten?« ist keine Abschlussfrage, sondern eine Qualifikationsfrage. Die Antwort des Interessenten kann für den Verkäufer und seine Verkaufstaktik von entscheidender Bedeutung sein.

»Welche Farbe soll das neue Auto haben?« ist keine Qualifikationsfrage, sondern eine Abschlussfrage, denn der Inhalt der Antwort wäre für den Verkäufer irrelevant. Aber die Beantwortung der Frage durch den Interessenten setzt – unabhängig vom Inhalt der Antwort – gedanklich voraus, dass er bereits gekauft hat, denn sonst könnte ein Auto in dieser Farbe wohl kaum an ihn geliefert werden.

Nehmen wir das Beispiel einer Werbekampagne, die verkauft werden soll.

»Zu welchen Zeitpunkt haben Sie sich vorgestellt, dass Sie diese Kampagne in Auftrag geben wollen?« – ist eine klare Qualifikationsfrage. Denn die Antwort des Interessenten gibt Aufschluss darüber, ob eine Beauftragung jetzt, in drei Monaten, erst nächstes Jahr oder zu gar keinem konkreten Zeitpunkt erfolgen soll und wie realistisch die ganze Sache wirklich ist.

»Zu welchem Zeitpunkt würden Sie sich wünschen, dass viele neue Kunden in Ihr Geschäft kommen?« – ist hingegen eine Abschlussfrage. Denn während die Antwort darauf dem Verkäufer mehr oder weniger egal sein kann, wird der Interessent daran erinnert, was er eigentlich wollte: Neue Kunden. Und die will er natürlich am liebsten sofort. Und damit wird ihm klar, dass er die Kampagne auch möglichst bald gekauft haben sollte.

Abschlussfragen von Anfang bis Ende

Abschlussfragen sind nicht etwa die Fragen, die der Verkäufer erst am Ende des Verkaufsprozesses stellt. Der kluge Verkäufer stellt Abschlussfragen von Anfang an, und immer wieder.

Hier ist ein Beispiel für einen Verkaufsprozess, der ausschließlich aus Abschlussfragen besteht – vom Anfang bis zum Ende (ein idealisiertes Beispiel, zugegeben, aber hier zum Zweck der Demonstration, dass Abschlussfragen vom Beginn des Verkaufsprozesses bis zum Ende gestellt werden können und sollten):

Verkäufer: »*Wir reden bei unserem Produkt X ja eigentlich vom Nutzen Y – habe ich das richtig verstanden?*«

Interessent: »*So ist es.*« (stellt sich den Nutzen vor, den er haben wird, nachdem er Produkt X gekauft hat)

Verkäufer: »*Gut. Wäre denn diese Art von Nutzen für Sie generell wünschenswert?*«

Interessent: »*Absolut.*« (erinnert sich daran, wie begehrenswert Nutzen Y für ihn ist, den er erst haben kann, nachdem er gekauft hat)

Verkäufer: »*Sehr gut. Welche speziellen Auswirkungen sollte Nutzen Y denn für Ihr Unternehmen haben, wenn er tatsächlich auftritt?*«

Interessent: »*Das würde uns die Angelegenheit Z ganz erheblich erleichtern.*« (erinnert sich daran, wie lästig das Thema Z ist und wie sehr er sich wünscht, die Angelegenheit vom Tisch zu haben – ein Zustand der erst eintrittt, nachdem er gekauft hat)

Verkäufer: »*Ausgezeichnet. Zu welchem Zeitpunkt sollte die Erleichterung in der Angelgenheit Z Ihrer Vorstellung nach eintreten?*«

Interessent: »*Nun, idealerweise sollte das noch in diesem Quartal passieren.*« (überlegt, wie schön es wäre, Thema Z schon recht bald vom Tisch zu haben, was erst passiert, nachdem er gekauft hat)

Verkäufer: »*In Ordnung. Wenn ich Ihren Auftrag bis Ende nächster Woche im Hause habe, können wir dafür sorgen, dass noch in diesem Quartal die Angelegenheit Z vollumfänglich entspannt ist. Wäre das in Ihrem Sinne?*«

Interessent: »*Wenn das möglich ist, wäre das definitiv die ideale Lösung.*«

Verkäufer: »*Okay. Dann werde ich mich am besten dafür einsetzen, dass der Auftrag gleich Anfang nächster Woche an Sie rausgeht.*« (der Kauf ist für ihn beschlossene Sache, die Auftragserteilung nur noch Formalität)

Abschlusstechnik: Exkurs zur Frage aller Fragen

Wollen wir hier nun aus gegebenem Anlass ein uraltes und gleichzeitig immer aktuelles Thema behandeln.

»Willst du mich heiraten?« lautet bekanntermaßen die Frage aller Fragen – bei einem Heiratsantrag.

Doch nach all dem, was wir gerade erörtert haben, ist das eigentlich keine Abschlussfrage. Die Antwort darauf wäre nämlich inhaltlich außerordentlich relevant. Sie bezieht sich auf den Abschluss und nicht auf etwas Späteres, das den Abschluss, also das Ja-Wort, bereits als abgeschlossene Vergangenheit vorraussetzen würde. Es handelt sich somit, verkaufstechnisch betrachtet, in Wahrheit um eine Qualifikationsfrage.

Weil der Kandidat diese Frage jedoch traditionell als finalen Schluss eines Brautwerbeprogramms an seine Auserwählte richtet, sollte er sich der Antwort idealerweise schon vorher sehr sicher sein.

Und genau in der selben Situation ist der Verkäufer, wenn er den Interessenten um den endgültigen Zuschlag und um die Unterschrift bittet. Es hat keinen Sinn, dem Interessenten eine solche Frage zu stellen, wenn nicht von vorneherein klar ist, dass die Antwort »Ja« lautet.

Verkäufer: »*Können Sie mir bitte nun noch den Vertrag bitte hier unterzeichnen?*«

Interessent: »*??? … !!! … Sicher.*« (tut es)

Glocken läuten, Musik setzt ein, Feuerwerk geht los …

Doch wie wird das bewerkstelligt?

Wie beseitigt der Verkäufer systematisch jegliche Zweifel, jegliche Unentschlossenheit, repariert Ablenkungen, Querschüsse Dritter (Schwiegereltern, Geschäftspartner, Mitgesellschafter, Berater etc.), ohne einen Fehler zu machen, ohne sich durch Ausflüchte und alle möglichen widrigen Umstände im Verlauf des Verkaufsprozesses durcheinanderbringen zu lassen und hält gleichzeitig das Interesse des Interessenten systematisch am Kochen?

So dass schließlich bei der Frage im Finale für das Happy End nur noch eine Antwort übrigbleibt: Ja, ich will.

Sowohl beim Heiratsantrag wie auch für den Verkaufsprozess gibt es dafür die gleiche Antwort.

Und genau die werden wir im folgenden Kapitel behandeln.

Siebtes Kapitel
Abhilfe Nr. 3: Taktische Dialogregie – ein sicherer Fahrplan zum Verkaufsabschluss

Warum kommt im Kino und im Fernsehen der Held immer so souverän rüber? Stellt immer die richtigen Fragen, hat immer die richtige Antwort parat – schlagfertig, präzise, treffsicher, immer direkt ins Ziel. Elegante Eröffnung, gekonnte Replik, gute Schlusspointe und immer wieder: Verblüffung des Publikums. *Veni, vidi, vici* (Julius Cäsar, lat.: ich kam, sah und siegte). Zack, Bumm! *Cum paucis et trompetibus* (Verballhornung lateinischer Sprache).

Wie oft haben wir uns gewünscht, unsere eigenen Sprüche ins Schwarze zu setzen, und wie oft sind uns die richtigen Sätze dafür erst hinterher eingefallen. Wie oft geht der Verkäufer nach Hause und denkt sich: Ich hätte sagen sollen: …! Hätte ich doch an der entscheidenden Stelle gefragt: …? Hat er aber nicht. Warum?

Nun, etwas, das eigentlich jeder weiß, was sich jedoch selten jemand wirklich klar macht, ist dies: Für das Publikum, dass die Schlagfertigkeit der Filmhelden so bewundert, bleiben genau drei Dinge unsichtbar. Und zwar einfach deshalb, weil sie sich buchstäblich hinter den Kulissen abspielen:

1. Im Kino und im Fernsehen sind alle Dialoge – ganz im Gegensatz zum richtigen Leben – vorgefertigt. Wirklich gute Dialoge entstehen in den allerseltensten Fällen durch unvorbereitete Improvisation. Das bedeutet, die Schauspieler erfinden ihre Sprüche nicht am Set, sondern haben sie alle vorher auswendig gelernt.
2. Die Produktion von guten Spielfilmen ist eine extrem arbeitsteilige Angelegenheit. Für jeden Part gibt es ausgebuffte Profis. Die Schauspieler denken sich ihre Sprüche also auch nicht selbst aus. Vielmehr hat eine ganze Kohorte von Drehbuchautoren, Dialogspezialisten, Dramaturgen und Gagschreibern Hunderte von Stunden im stillen Kämmerlein gearbeitet, getextet, verbes-

Aufstand der Verkäufer. Stephan Gebhardt-Seele

ISBN 978-3-527-50598-2

sert, gefeilt, getestet, verworfen und neu geschrieben, bevor der Schauspieler den Text auch nur zu Gesicht bekommt.

3. Für einen Spielfilm, in dem die Dialoge und die Gags innerhalb von knapp zwei Stunden wie ein Dauerfeuerwerk abfackeln, wird viele Monate lang gedreht. Jede einzelne Szene wird sorgfältig vorbereitet und in mehreren Varianten aufgenommen. Und manche Szenen werden schließlich komplett verworfen – das bedeutet, sie wurden mit dem selben Aufwand produziert wie die Szenen im fertigen Film, landen aber dennoch im Papierkorb. Spitzenfilme werden darüber hinaus mehrmals einem Testpublikum gezeigt, um auch die letzten möglicherweise lahmen Passagen zu ändern oder herauszuschneiden. Übrig bleiben, wenn der Film schließlich an den Start geht, nur noch die echten Bringer.

Ist es also ein Wunder, dass die Filmhelden immer so gut aussehen und wir Normalsterblichen immer so alt? Nein.

Rudi Carell, der legendäre TV-Showmaster der siebziger Jahre, galt als absoluter Perfektionist, der nichts dem Zufall überließ. In einem Interview, das er im hohen Alter gab, rekapitulierte er folgende Szene:

Carell (zu einem etwas grobschlächtig aussehenden Gast im Studio): *»Sie sind also Feinmechaniker. Hm. Mit diesen Händen?«*

Der Gast (guckt verdutzt aus der Wäsche, dann auf Carell): *»Aber Sie sind doch Showmaster. Mit diesem Gesicht?«*

Unerwartete Schlagfertigkeit eines Studiogastes oder vorher einstudiert? Einmal darf man raten.

Es ist zwar definitiv ein Qualitätsmerkmal, wenn etwas »spontan« rüberkommt, aber tatsächlich improvisieren tun nur Dilletanten. Alles, was wirklich gut aussieht, wurde vorbereitet und geprobt, vorbereitet und geprobt, vorbereitet und geprobt – bis der Arzt kommt.

Das wichtigste Instrument im Vertrieb ist der persönliche Dialog – ob am Telefon oder bei einem Treffen. E-Mails und der Austausch von schriftlichem Material mögen Komponenten sein im Verkaufsprozess, doch die Aufrechterhaltung des Dialogs mit einem Interessenten ist immer das Kernelement, das schlagende Herz der ganzen Angelegenheit.

Und nun erhebt sich die Frage: Wie kann der Verkäufer diese Erkenntnisse aus der Filmproduktion verwenden, um mit dem unvorbereiteten, schusseligen, verwirrten, schrulligen, marottigen, und vor allem (wir hatten das bereits) wenig wahrheitsliebenden Interessenten zu einem Abschluss zu kommen? Die Antwort lautet:

Taktische Dialogregie für den Verkaufsprozess. Und das geht so:

Die meisten Verkaufsprozesse bestehen aus mehreren Dialogszenen (Telefonate oder persönliche Unterredungen). Das Wesen eines mündlichen Dialogs bringt es allerdings mit sich, dass es – im Gegensatz zu schriftlicher Korrespondenz – keine automatischen Aufzeichnungen gibt.

Also nimmt sich der Verkäufer einen Stapel A4-Blätter (kann man natürlich auch im Computer machen, z.B. mit Word). Das A4-Blatt teilt er in zwei Spalten ein.

Die linke Spalte enthält Aufzeichnungen über den Dialog selbst, also was besprochen wurde und was wer im Unternehmen des Interessenten gesagt hat.

Die rechte Spalte enthält zu jedem Dialog eine *Auswertung* desselben und darunter eine *taktische Handlungsempfehlung.*

Tatsächlicher Dialog	**Auswertung** **Taktische Handlungsempfehlung**

Der tatsächliche Dialog

In dieser Spalte werden nur *Tatsachen* vermerkt, keine Meinungen oder Interpretationen des Verkäufers. Wenn der Interessent gesagt hat, er findet das Angebot vernünftig, dann ist das zwar eine Meinung, aber *dass er es gesagt hat,* ist eine Tatsache. Man muss den Unterschied gut verstehen.

Wenn da etwa steht: »Angebot gut«, so klingt das eher nach einer Meinung, außerdem ist die Angabe unpräzise. Es fehlt, was tatsächlich geschehen ist. Es könnte zum Beispiel so gewesen sein: »Mit

Juniorchef telefoniert, der sagte, sein Vater hätte das Angebot gut gefunden.« Jetzt haben wir die Tatsachen.

Tipp: Markieren Sie die für den Verkaufsprozess entscheidenden Tatsachen, die in die Auswertung und in die taktische Handlungsempfehlung einfließen sollen, in der Aufzeichnung farbig!

Tatsächlicher Dialog	Auswertung Taktische Handlungsempfehlung
1.8.2010 Mit Juniorchef telefoniert. Sagte, er interessiert sich besonders für das Wimmeldibums. Fand das Angebot vernünftig. Will es als Nächstes mit seinem Vater besprechen.	

Auswertung

Eine Auswertung kann Einschätzungen des Verkäufers enthalten, die den Dialog geführt hat, doch sollte man sich davor hüten, einfach nur Meinungen kundzutun. Die Auswertung muss auch für jemanden, der beim Dialog nicht dabei war, nachvollziehbar sein.

Der Verkäufer unternimmt eine neue Beurteilung der Situation mit dem Interessenten nach dem Dialog und beschreibt dieses Urteil unter dem Abschnitt »Auswertung« in der rechten Spalte.

Tatsächlicher Dialog	Auswertung Taktische Handlungsempfehlung
1.8.2010 Mit Juniorchef telefoniert. Sagte, er interessiert sich besonders für das Wimmeldibums. Fand das Angebot vernünftig. Will es als Nächstes mit seinem Vater besprechen.	Auswertung: Raffelswald jun. ist nett, angetan, will es haben, kann aber anscheinend nicht allein entscheiden.

Um ein klar umrissenes, kurzfristiges Ziel zu erreichen, verwendet man Taktik.

Strategie und Taktik hängen eng zusammen: Beide zielen auf den richtigen Einsatz bestimmter Mittel in Zeit und Raum, wobei sich Strategie im Allgemeinen auf ein übergeordnetes Ziel bezieht, während Taktik den Weg und die Maßnahmen bestimmt, kurzfristigere Zwischenziele zu erreichen.

- **Strategie** ist der »große Plan über allem« oder das »grundsätzliche Muster der Handlungen«. Dieser Plan kann dabei eine Vision oder Mission (Wirtschaft), eine Mehrheit oder Macht (Politik) oder auch ein militärisches Ziel definieren. Strategie ist mittel- bis langfristig angelegt.
- Als **Taktik** bezeichnet man militärisch *die Führung der Truppen in das Gefecht*, also die unmittelbare Art des Einsatzes von Streitkräften in einem Gefecht. Politisch und wirtschaftlich beschreibt Taktik Maßnahmen und Handlungen, die mit den gegebenen Mitteln kurzfristige oder mittelfristige Ziele zu erreichen suchen.

(Quelle: Wikipedia)

Salopp ausgedrückt: *Strategie* wäre eine Zusammenstellung übergeordneter Ernährungs-Leitlinien, die erstellt wird, um z. B. gesund zu bleiben, eine Krankheit zu überwinden oder besser auszusehen. *Taktik* ist die Aufstellung eines konkreten Tages-Speiseplans mit Materialien, Einkaufsquellen und Kochrezepten.

Und damit haben wir die Umsetzung der Methodik von Filmdialogentwicklern auf den Verkaufsprozess: Taktik ist das Gegenteil von Beliebigkeit, das Gegenteil von Improvisation, das Gegenteil von »trial & error« oder »Lust und Laune«. Taktik ist ein wohldurchdachtes, gut geplantes, präzises Vorgehen, um ein klar umrissenes, kurzfristiges Ziel zu erreichen.

Taktische Handlungsempfehlung

Aus der Auswertung folgt die *taktische Handlungsempfehlung*, ebenfalls in der rechten Spalte.

So wie die Auswertung aus den Daten des Dialogs nachvollzogen werden kann, muss die richtige Taktik für den nächsten Schritt von jemand, der beim Dialog nicht dabei war, aus den Dialogdaten und der Auswertung nachvollzogen werden können.

Bei der Entwicklung der taktischen Handlungsempfehlung schöpft der Verkäufer so richtig aus dem Vollen, was er bei Inspector Columbo abgeguckt hat.

Was der Verkäufer (so haben wir bereits erfahren) *bestimmt nicht* tut: Anrufen und fragen, ob der Junior schon mit seinem Vater sprechen konnte und wenn ja, was der Vater gesagt hat. Sondern …

Tatsächlicher Dialog	Auswertung Taktische Handlungsempfehlung
1.8.2010 Mit Juniorchef telefoniert. Sagte, er interessiert sich besonders für das Wimmeldibums. Fand das Angebot vernünftig. Will es als Nächstes mit seinem Vater besprechen.	Auswertung: Raffelswald jun. ist nett, angetan, will es haben, kann aber anscheinend nicht allein entscheiden. To-do: Falls nicht zu sprechen: Mir ist da noch etwas Wichtiges eingefallen, können Sie einen Rückruf von R. arrangieren? Raffelswald jun.: a) Wimmeldibums enthält ja hauptsächlich den Nutzen Y. Wie wichtig ist das aus Ihrer Sicht für Ihr Unternehmen? b) Was ist aus Ihrer Sicht der Hauptgrund, warum Sie mit der bisherigen Lösung nicht zufrieden sind? c) Was muss passieren, damit wir nun einen Auftrag erhalten?

Beim nächsten Telefonat kann passieren, was will: Der Verkäufer muss nicht improvisieren, er könnte seine Fragen im Prinzip einfach ablesen. Und so geht es weiter:

Tatsächlicher Dialog	Auswertung Taktische Handlungsempfehlung
1.8.2010 Mit Juniorchef telefoniert. Sagte, er interessiert sich besonders für das Wimmeldibums. Fand das Angebot vernünftig. Will es als Nächstes mit seinem Vater besprechen.	Auswertung: Raffelswald jun. ist nett, angetan, will es haben, kann aber anscheinend nicht allein entscheiden. To-do: Falls nicht zu sprechen: Mir ist da noch etwas Wichtiges eingefallen, können Sie einen Rückruf von R. arrangieren? Raffelswald jun.: d) Wimmeldibums enthält ja hauptsächlich den Nutzen Y. Wie wichtig ist das aus Ihrer Sicht für Ihr Unternehmen? e) Was ist aus Ihrer Sicht der Hauptgrund, warum Sie mit der bisherigen Lösung nicht zufrieden sind? f) Was muss passieren, damit wir nun einen Auftrag erhalten?
4.8.2010 Sekretärin Fr. Wohlgemuth: Raffelswald jun. heute nicht im Haus. Sagte, sie würde es ausrichten und wir werden zurückgerufen	Auswertung: Sekr. kompetent und kooperativ To-do: Falls nicht zu sprechen: Gibt es an unserem Angebot etwas, dass R. so wenig gefällt, dass er jetzt nicht mehr mit uns sprechen will – können Sie da etwas für mich tun, dass wir das nochmal besprechen können? Raffelswald jun: siehe oben.
5.8.2010 Mit Juniorchef telefoniert. Nutzen Y ist für ihn sehr wichtig, ist mit Vater einer Meinung. Er sagte: »Mein Vater fand das Angebot gut.« Will es nochmal abschließend mit Vater besprechen.	Auswertung: Jun. will es immer noch haben. Vater ist inhaltlich einverstanden, möglicherweise Probleme mit Geld. To-do: Raffelswald jun.: a) Gibt es an unserem Angebot vielleicht etwas, das dem Vater so wenig gefällt, dass er es trotz dem wichtigen Nutzen Y nicht haben will? b) Hat es möglicherweise etwas mit dem Budget zu tun?

Taktische Dialogregie: Der Hauptnutzen

Ja, ich weiß, das klingt alles ganz schön bürokratisch!

Die gerade beschriebene Vorgehensweise mag sich auf den ersten Blick – und speziell für den erfahrenen Verkäufer – wie eine etwas aufgeblähte Verwaltungsarbeit anhören. Aber ich habe ja auch im Titel von Provokationen gesprochen. Und eine dieser Provokationen ist, dass viele Verkäufer eben anfangen, zu improvisieren, wenn sie auf ein Hindernis stoßen. Warum improvisieren, wenn man auch planvoll und taktisch klug vorgehen könnte?

Der Hauptnutzen taktischer Dialogregie besteht somit darin:

In jeder Situation, bei der der Verkäufer aufgrund der Äußerungen des Interessenten fortgesetzte Kooperation erwartet, bereitet er für das »Worst-Case-Szenario« prophylaktisch einen Plan B vor.

Beispiel:

Tatsächlicher Dialog	Auswertung Taktische Handlungsempfehlung
10.8.2010 Mit Geschäftsführer Raffelswald telefoniert. Sagte, das Angebot klingt vernünftig. Hat vollständige Vertragsunterlagen vorliegen, ist im Prinzip einverstanden und geht davon aus, dass es so gemacht wird. Will spätestens nächste Woche abschließend darüber entscheiden und uns dann den Vertrag schicken.	Auswertung: Raffelswald will es haben wie angeboten. Möglicherweise gibt es noch irgendeinen Einwand, den er nicht verraten hat. To-do: Falls er mit einer Absage oder einer unkonkreten Verzögerungstaktik daherkommt: Frage: Beim letzten Telefonat hatten wir ja, wenn ich mich richtig erinnere, eine vollständige Übereinstimmung. Welches Detail an dem Angebot ist es, das Sie so stört, dass Sie es doch nicht haben wollen? Falls nicht mehr zu sprechen: Auf Kooperation der Sekretärin hinwirken, damit sie herausfindet, was genau ihm am Angebot überhaupt nicht gefallen hat und ihm ein nochmaliges Gespräch anbietet.

Das ist nicht etwa eine Empfehlung für systematische Miesmacherei. Selbstverständlich geht der Verkäufer davon aus, dass alles wie besprochen abläuft, der Interessent bei seiner selbst geäußerten Ansicht bleibt und den Auftrag erteilt (Plan A). Aber was, wenn nicht?

Durch Plan B (siehe Taktische Handlungsempfehlung) ist der Verkäufer vollständig gerüstet für ein unerwartetes Ausweichmanöver seitens des Interessenten, was er dann auf der Stelle mit der vorher überlegten Frage parieren kann.

Wie schon gesagt: Taktische Planung ist das Gegenteil von Improvisation.

Taktische Dialogregie: Drei Zusatznutzen

Darüber hinaus ergeben sich weitere drei wichtige Zusatznutzen aus dieser Vorgehensweise.

1. Der Verkäufer, der den Dialog geführt hat, kann danach »geistig« einen Schritt zurücktreten und die Angelegenheit aus einer gewissen Distanz betrachten. Das hilft oft, um zu erkennen, wie unlogisch Interessenten manchmal sein können und wie häufig sie einfach nur Ausreden verwenden, um einer Konkretisierung des Verkaufsabschlusses auszuweichen. Somit lässt sich die richtige Taktik für den nächsten Schritt (Handlungsempfehlung) viel leichter finden und festlegen.
2. Der Vertriebsleiter, der Qualitätsmanager oder eine Vertretung der Vertriebsperson kann aus den Aufzeichnungen ganz genau nachvollziehen, wie der bisherige Verkaufsprozess ablief und sich somit leicht in den Vorgang hineinfinden. Auf diese Weise können (neben der damit ermöglichten Vertretungsarbeit bei Urlaub oder Krankheit des Verkäufers) Vertriebsleiter und Qualitätsmanager (und natürlich auch der Verkäufer selbst) ganz leicht den Punkt im Vertriebsprozess finden, an der die Sache aus dem Ruder gelaufen ist. Denn dieser Punkt ist immer früher als dann, wenn sich die Sache festfährt.
3. Damit wird sowohl die Reparatur von Interessenten als auch die ergänzende, zielgerichtete Schulung von Vertriebsmitarbeitern möglich.

4. Der Verkäufer, der den Vorgang bearbeitet hat und die Aufzeichnungen über den tatsächlichen Dialog, die Auswertung und die taktische Handlungsempfehlung erstellt hat, profitiert ein weiteres Mal, wenn er den Vorgang am Wiedervorlagedatum erneut zur Hand nimmt. Denn ein Verkäufer hat (idealerweise) eine Menge Vorgänge zu bearbeiten und kann sich anhand seiner eigenen Aufzeichnungen sehr schnell wieder erinnern, wie er diesen Vorgang eingeschätzt hat und was er sich genau vorgenommen hat, mit diesem Interessenten als nächstes aufzugreifen.

Eine Bemerkung zum Schluss: Man kann es mit der Verwaltungsarbeit natürlich auch übertreiben. Es muss trotz der obigen Ausführungen klar sein, dass ein Verkäufer nicht etwa danach strebt, vollständige Aufzeichnungen über den Verlauf von Interessentendialogen für die Nachwelt anzufertigen. Ein Vertrieb ist kein soziologisches Dokumentationszentrum, sondern soll verkaufen.

Es geht – wie immer – hauptsächlich um das Endergebnis: die Verkaufsabschlüsse. Wenn viele Interessenten regelmäßig zu Abschlüssen verarbeitet werden, dann fragt keiner mehr nach lückenlosen Aufzeichnungen der Vorgeschichte.

Aber wenn der Verkäufer das Gefühl hat, zu viel Arbeit mit Interessenten ohne Verkaufsabschluss zu investieren, dann kann die hier empfohlene Vorgehensweise einige verblüffende Wunder bewirken!

Selbst für den Fall, dass durch diese Methode kein einziger Abschluss zusätzlich gemacht würde (was unwahrscheinlich ist), wird der Verkäufer die wirklich unqualifizierten Interessenten schon viel früher aufdecken und sich allein dadurch eine Menge Zeit, Arbeit und Nervenstress ersparen. Auf diese Weise kann er sich umso intensiver den tatsächlich qualifizierten Interessenten widmen, mit denen es sich lohnt, den Verkaufsprozess weiter voranzutreiben. Der Verkäufer muss nicht improvisieren, er könnte bei einer unerwarteten Wendung der Ereignisse, für die er spontan keine Abhilfe findet, jederzeit einen temporären Rückzug einleiten mit dem folgenden Hinweis:

»Mir ist da noch etwas eingefallen! Das würde ich gerne noch genauer untersuchen, das könnte sehr interessant sein ... Wäre es in Ordnung für Sie, wenn ich Sie in der Sache morgen nochmal anrufe?«

Die drei Rollen des Verkäufers

Bei diesem Vorgehen wird deutlich, dass der Verkäufer während des Verkaufsprozesses abwechselnd in drei verschiedene Rollen schlüpft.

Erste Rolle: Der Verkäufer im Live-Modus

Im *tatsächlichen Dialog* mit dem Interessenten – ob am Telefon oder persönlich – befindet sich der Verkäufer selbstredend in einem »Live-Modus«. Es ist die »Performance« vergleichbar einem Anwalt, der persönlich vor Gericht auftritt. Es gibt keine Zeit, lange nachzudenken, praktisch keine Möglichkeit, eine einmal gemachte Aussage wieder »zurückzuholen«, und erst recht keine Chance auf Wiederholung nach einer versäumten Gelegenheit. Also muss der Verkäufer in dieser Rolle extrem aufgeweckt und fit sein.

Zweite Rolle: Der Verkäufer als *Advocatus Diaboli*

Sobald der Verkäufer seine Aufzeichnungen über den tatsächlichen Dialog durchgeht, um dessen *Auswertung* zu erstellen, verwandelt er sich augenblicklich in einen »Advocatus Diaboli«.

> **Advocatus diaboli**, lat. »*Anwalt des Teufels*«: die Person, die (bis 1983) im Verfahren der Selig- bzw. Heiligsprechung der römisch-katholischen Kirche Argumente *gegen* die besprochene Persönlichkeit zu sammeln und vorzutragen hatte. Im weiteren Sinn wird in der Rhetorik als »advocatus diaboli« bezeichnet, wer mit seinen Argumenten die Position der Gegenseite vertritt, ohne ihr selbst anzugehören. Umgangssprachlich: Jemand, der alles hinterfragt und grundsätzlich die Gegenposition einnimmt.
>
> (Quelle: Wikipedia)

Bei der Auswertung geht es vor allem darum, alle Möglichkeiten einer Sollbruchstelle im Verkaufsprozess zu analysieren. Der Verkäufer hat gar nichts davon, wenn er einfach nur die positiven Aspekte des bisherigen Dialogs durchdenkt. Diese mögen selbstverständlich vorhanden sein, doch was ist, wenn sie sich als heiße Luft herausstellen? Welche Einwände, Verzögerungs- und Verhinderungsmanöver seitens des Interessenten könnten zu Tage treten? Wo sind die Hinweise darauf, dass sich das, was der Interessent gesagt hat, in Wahrheit ganz anders verhält?

Auch ein Anwalt, der sich auf den nächsten Schritt für seinen Mandanten vorbereitet, wird sich niemals darauf beschränken, ausschließlich diejenigen Aspekte der Angelegenheit auszuarbeiten, die die eigene Position stützen. Er wird vielmehr sehr gründlich darüber nachdenken, welche Maßnahmen die Gegenseite möglicherweise unternehmen könnte. Damit verhindert er, von der gegnerischen Taktik unvorbereitet überrascht zu werden.

Der kluge Verkäufer ist also gut beraten, wenn er einen Verkaufsprozess immer wieder aus der Sicht des *Advocatus Diaboli* analysiert.

Dritte Rolle: Der Verkäufer als *wohlwollender Taktiker*

Hat der Verkäufer alle potenziellen »Shitpoints« des bisherigen Verlaufs im Verkaufsprozess erwogen, macht er sich nun daran, die *taktische Handlungsempfehlung* für seinen nächsten Schritt zu entwerfen. Zu diesem Zweck nimmt er die Gestalt des »wohlwollenden Taktikers« an. Der Verkäufer denkt wieder »positiv«, bleibt aber wachsam. Im Klartext: Welche Fragen sind zu stellen, um den Verkaufsprozess am Leben zu erhalten? Welche konkreten Operationen werden den Verkaufsprozess nun näher an den angestrebten Verkaufsabschluss heranführen?

Die Taktische Handlungsempfehlung des Verkäufers muss diese Fragen auf intelligente Weise beantworten.

Troubleshooting 1: Der zweite Mann

Manchmal entsteht eine Situation, in der sich ein Verkaufsprozess trotz kluger Taktik festfährt und es so aussieht, als würde sich die Angelegenheit nicht von der Stelle bewegen. Der Interessent könnte auf einem Einwand beharren, der sich als unlösbar darstellt (z. B. »Ich muss erst noch den Web-Auftritt fertigstellen, aber ich komme nicht dazu.«). Unter Umständen entsteht sogar eine regelrechte Verstimmung, die es für die beiden bisherigen Parteien schwierig erscheinen lässt, wieder in Kommunikation zu treten.

Es kann sich in einer solchen Situation als nützlich erweisen, wenn eine zweite Person *punktuell* (nicht dauerhaft, sondern nur für eine definierte Zeitspanne) auftaucht. Tritt eine solche zweite Person auf den Plan, kann dies eine Chance für eine Art geistigen »Reset« sein. Möglicherweise öffnet sich eine Tür, durch die der Kommunikations- oder Verkaufsprozess wieder in Gang gebracht werden kann.

Wichtig ist dabei zu wissen: Die zweite Person könnte *irgendjemand* sein (ein anderer Vertriebsmitarbeiter, ein Mitarbeiter der Lieferung, der Geschäftsführer oder ein Inspector Columbo), der sich mit *irgendeinem* Vorwand zu Wort meldet. Das Ganze ist nicht logisch, nicht folgerichtig.

Ein weiterer Einsatz für den »zweiten Mann« ergibt sich aufgrund der notorischen Unentschlossenheit mancher Interessenten: Nachdem ein Interessent Gefallen an dem gefunden hat, was der Verkäufer ihm angeboten hat, taucht ein (erfundenes) Problem auf, weil der Interessent sich nun mit Zweifeln beschäftigt, ob die Entscheidung, die er kurz davor ist, zu treffen, richtig ist. Der Interessent möchte das Angebot gerne annehmen, ist aber unsicher, ob der Schritt, es *jetzt* zu tun, richtig ist. Er wünscht sich eine Art Rückversicherung.

Dies kann bewerkstelligt werden, indem die Vertriebsperson eine zweite Person, »den zweiten Mann« hinzuzieht. Dieser zweite Mann kann wiederum irgendjemand sein. Ein Kollege im Vertrieb, der als besonders erfahren angekündigt wird. Eine Person aus der Lieferung, die als Experte und Spezialist für die Situation des Interessenten angekündigt wird. Oder der Geschäftsführer oder irgendein »Chef«, der als Autoritätsperson und/oder Super-Experte angekündigt wird.

Es spielt nur eine untergeordnete oder gar keine Rolle, ob die angekündigte Person wirklich so mächtig, einflussreich und weise ist, wie es dem Interessent dargestellt wird. Wichtig ist, dass es jemand anders ist als die erste Person und jemand, der vom Typ her anders ist.

Auf diese Weise wird das, was die Person 1 erzählt hat, um den Interessenten anzuheizen, sozusagen nochmal von dritter »unabhängiger« und »unparteiischer« Seite her bestätigt. Deshalb muss dieser »zweite Mann« immer sehr entspannt und sehr gelassen auftreten und eine beruhigende Wirkung auf den Interessenten ausstrahlen.

Unter Umständen genügt es sogar, wenn der zweite Mann den Interessenten alles, was dieser loswerden will, nochmal abblubbern lässt und dann mit ruhiger Stimme sagt: *»Ja, das ist vollkommen richtig. Absolut machbar. Wir können Ihnen selbstverständlich in dieser Sache weiterhelfen. Haben Sie denn schon mit* ____________ (Person 1) *vereinbart, wann wir damit anfangen sollen?«*

Der zweite Mann muss die Angelegenheit gar nicht zu Ende verhandeln. Er kann es dabei bewenden lassen, dass es okay ist, wenn Person 1 ihn wieder anruft.

Der Einsatz der Methode »Zweiter Mann« bedeutet übrigens nicht, dass die Person 1 etwas verkehrt gemacht hat, sondern ist einfach ein nützliches Werkzeug, um Kommunikations- und Verkaufsprozesse in Gang zu halten und letztlich den Abschluss zu machen.

Troubleshooting 2: Plan B

Ein typischer Fall im Vertrieb: Am Horizont taucht ein Interessent auf, der etwas ungewöhnliche Vorstellungen äußert und einen sehr großen Auftrag in Aussicht stellt. Plan A besteht darin, diesen großen, ungewöhnlichen Auftrag an Land zu ziehen.

Dieser Plan A gerät jedoch in Schwierigkeiten, wenn sich der Verkaufsabschluss unerwartet hinzieht und immer wieder hinausgeschoben wird.

Das Hauptrisiko besteht hier nicht etwa darin, dass Plan A nicht klappt – es gibt etwas viel Schlimmeres! In solchen Situationen wurde regelmäßig beobachtet, dass angesichts der Hoffnung auf eine große, ungewöhnliche »Lösung« die Routineaktionen, die normalerweise und vorhersagbar zu Ergebnissen geführt hatten, eingeschränkt oder ganz fallengelassen worden waren.

Im oben genannten Beispiel sieht das so aus: Je länger sich der Abschluss für diesen »ganz großen Auftrag« hinzieht, umso bedrohlicher wird die Situation, da keine normalen Aufträge mehr hereinkommen. Alle Mann starren schließlich nur noch wie die hypnotisierten Kaninchen auf den einen großen Auftrag, der, wenn er schließlich hereinkäme, alles wieder ins Lot brächte. Und was passiert dann? Nun, dieser ehemals so tolle, sagenhaft interessante Interessent meldet sich einfach nicht mehr oder sagt mit einer ganz faulen Ausrede ab. Die ganze riesige Blase der Hoffnung auf den inzwischen dringend benötigten »warmen Regen« platzt – nach Wochen oder Monaten des Hoffens und Bangens.

Und dann steht der Verkäufer wirklich blöd da. Weder hat er den großen, tollen Auftrag an Land gezogen noch hat er genügend normales Routinegeschäft in die Box gebracht, gerade so, als hätte man das ja jetzt nicht mehr nötig, weil man ja demnächst ohnehin reich wird, nicht wahr?

Weil die Verlockung, aufgrund einer »ungewöhnlichen Lösung« die Routineaktionen fallenzulassen, ebenso stark ist, muss für jeden Plan A (ungewöhnliche Aktion oder Lösung, die mit gewissen Risiken behaftet ist) auch ein Plan B entwickelt werden.

Das Wesen des Plan B lässt sich so beschreiben:

Kein Fallschirmspringer springt jemals ohne funktionierenden Ersatzfallschirm. Es ist nicht etwa so, dass Fallschirmspringer ständig Angst davor haben, dass ihr Hauptfallschirm sich nicht öffnet, allerdings möchten sie für den ungewöhnlichen Fall, dass dies tatsächlich passiert, abgesichert sein. Der Ersatzfallschirm kommt zwar fast nie zum Einsatz, gehört jedoch zur Standardausrüstung eines jeden Fallschirmspringers.

»Plan B« bedeutet demnach *nicht*, jemand hätte bereits »beschlossen«, dass Plan A schief geht. Ein guter Plan A und dessen professionelle Durchführung werden selbstverständlich funktionieren. Dennoch wird Plan B niemals schludrig oder nur symbolhaft gemacht, weil wir ihn »ohnehin nicht brauchen, nachdem wir ja den tollen Plan A haben«.

Plan B ist eine routinemäßig und gleichermaßen professionell durchgeführte Parallelaktion, die völlig unabhängig von Plan A gemacht wird.

Im Falle von jenem tollen, interessanten Auftraggeber lautet der Plan A: diesen großen interessanten Auftrag abzuschließen. Plan B lautet: Andere, normale Aufträge in solcher Menge abzuschließen, als wäre dieser große, ungewöhnliche Auftrag niemals aufgetaucht, so dass der Verkäufer zu keinem Zeitpunkt darauf angewiesen ist.

Die Erfahrung hat übrigens gezeigt, dass ein vollständig und ehrlich gemachter Plan B rein statistisch betrachtet erheblich dazu beigetragen hat, dass Plan A tatsächlich gelang, während das Fehlen eines solchen Plan B oder die nur halbherzige Arbeit daran schon so manchen Plan A ruiniert hat.

Plan B sagt uns, dass in dem Augenblick, wo Plan A in Gang gesetzt ist, der Verkäufer jede *nervöse Fixierung der Aufmerksamkeit* davon herunternehmen soll, um sich Plan B zuzuwenden.

Troubleshooting 3: »Dr. Oetinger«

Es kommt vor, dass manche Interessenten partout nicht zum Abschluss gebracht werden können, obwohl sie irgendwann einmal recht vielversprechend ausgesehen hatten. Bevor sich der Verkäufer durch eine steigende Anzahl solcher Wackelkandidaten entmutigen oder sich dazu hinreißen lässt, irgendjemanden mit Gewalt den Arm umzudrehen, kann ein – wenngleich oft zitierter, aber nicht minder gehaltvoller – Kalenderspruch eine Hilfe sein:

> *»Gott gebe mir die Gelassenheit, Dinge hinzunehmen, die ich nicht ändern kann, den Mut, Dinge zu ändern, die ich ändern kann, und die Weisheit, das eine vom anderen zu unterscheiden.«*

Das sogenante »Oetinger-Gebet« oder »Gelassenheitsgebet« ist in den letzten vierzig Jahren in Deutschland und Amerika recht populär geworden. Es wird behauptet, der württembergische Prälat Friedrich Christoph Oetinger (1702-1782) habe es verfasst. Religionsbücher und Postkarten werden damit geziert und verweisen auf den angeblichen Autor aus dem 18. Jahrhundert. Der Text lässt sich allerdings nirgends in den Quellen zu Fr. Chr. Oetinger nachweisen. Das Gebet – in Amerika auch als *Serenity Prayer* bekannt – taucht erst in den vierziger Jahren des 20. Jahrhunderts auf, im Zusammenhang mit dem deutsch-amerikanischen Theologen Reinhold Niebuhr.

Laut meiner Recherche in einem sehr ausführlichen Referat aus der Baden-Württembergischen Landesbibliothek beruht die hartnäckige Zuordnung auf einer Namensverwechslung mit einem gewissen Dr. Dr. Theodor Wilhelm, geb. 1906, Professor für Religionspädagogik. Er verwendete das Pseudonym *Friedrich Oetinger* für sein Buch *Wendepunkt der poltitischen Erziehung, 1951*, das in späteren Auflagen *Partnerschaft* hieß. Dort übernahm er eine von ihm angefertigte deutsche Übersetzung des Gebets, das er über Reinhold Niebuhr kennengelernt hatte.

Für den Vertrieb haben die darin formulierten drei Wünsche eine nützliche Verwendung. Dazu werde ich den Spruch erstmal in Vertriebskategorien ummünzen:

> *Ein guter Verkäufer besitzt die **Gelassenheit**, Interessenten zu akzeptieren, die man nicht zu Kunden machen kann …*

Gelassenheit bei Kopfwehkandidaten ist eine hilfreiche Übung. Gelassenheit ist ausgezeichnet, doch könnte die Geduld eines buddhistischen Mönchs dazu führen, dass überhaupt keine Verkaufsabschlüsse mehr gemacht werden, weil sich für buddhistische Mönche die Welt auch ohne Verkaufsabschlüsse weiterdreht.

Gelassenheit ist komfortabel, doch ein Verkäufer sollte auch in der Lage sein, die Komfortzone zu verlassen. Denn selbst kaufwillige und qualifizierte Interessenten benötigen fast immer einen kleinen Schubs, damit sie es auch tun. Man kann niemanden zwingen und ich empfehle auch keine »Manipulationstricks«. Aber ein kleiner Schubs an entscheidender Stelle, das ist eine legitime Aktion in jedem erfolgreichen Verkaufsprozess, um dem Interessenten in seiner »Rest-Unentschlossenheit« dazu zu verhelfen, damit er das, was er eigentlich haben will, tatsächlich auch bekommt.

Kurz gesagt: der Verkäufer braucht Mut. Mut für einen Schritt hinaus, über die Schwelle der Komfortzone.

> *Ein guter Verkäufer besitzt …*
>
> *den **Mut**, Interessenten zu Kunden zu machen, die zu Kunden gemacht werden können …*

In dem Bestreben, soviele Interessenten wie möglich zu Kunden zu machen, wird der Verkäufer immer wieder Ablenkung und gelegentlich Frustration erfahren durch Interessenten, die zunächst so ausgesehen hatten, als wären sie gute Abschlusskandidaten, sich jedoch im Nachhinein als reine Nervenprobe erweisen, die nichts als unnötige Arbeit verursachen.

Somit besteht die Weisheit des Verkäufers darin, mit sicherem Blick zu prüfen und unterscheiden zu können, ob ein Interessent sich nur aufplustert und ihm eine Menge Mehrarbeit aufbürden wird oder sich tatsächlich zu einem legitimen Abschlusskandidaten entwickeln kann. Also haben wir:

> *Ein guter Verkäufer besitzt die **Gelassenheit**, Interessenten zu akzeptieren, die man nicht zu Kunden machen kann;*
>
> *den **Mut**, Interessenten zu Kunden zu machen, die zu Kunden gemacht werden können;*
>
> *und **Weisheit**, um die beiden Sorten von Interessenten voneinander zu unterscheiden.*

Man könnte sagen: Das Potenzial eines erfolgreichen Verkäufers liegt letztlich im routinierten Umgang mit diesen drei Übungen.

Troubleshooting 4: Der Aus-Knopf

Der Begriff »Aus-Knopf« stammt aus dem Buch: *Auf der Suche nach Spitzenleistungen* (Titel eines in den achtziger Jahren berühmt gewordenen Bestsellers der Unternehmensberater Peters & Waterman), die über ein interessantes psychologisches Experiment berichteten.

Erwachsene Versuchspersonen sollten einige schwierige Rätsel lösen und einen Text korrekturlesen. Im Hintergrund war ein lautes, unregelmäßiges und stark ablenkendes Geräusch zu hören – genauer gesagt, zwei Stimmen, eine, die Spanisch, und eine, die Armenisch sprach, ein laufendes Kopiergerät, ein Tischrechner, eine Schreibmaschine und Straßenlärm, die zusammen ein undefinierbares Getöse abgaben. Die Versuchspersonen wurden in zwei Gruppen aufgeteilt. Der einen Gruppe wurde nur gesagt, sie solle die Aufgaben lösen. Die Mitglieder der anderen Gruppe bekamen einen Knopf, mit dem sie den Lärm abstellen konnten, eine moderne Variante von Kontrolle – der Aus-Knopf. Die Gruppe mit dem Aus-Knopf löste fünfmal so viele Rätsel wie die Mitglieder der anderen Gruppe und übersah beim Korrekturlesen weitaus weniger Fehler. Und nun kommt die Pointe: ... keine der Versuchspersonen in der Gruppe mit Aus-Knopf benutzte den Knopf auch nur ein einziges Mal. Das bloße Wissen um die Kontrollmöglichkeit hatte genügt.

Ein »Aus-Knopf« steht somit für die Möglichkeit, eine vorhandene Einschränkung in freier Entscheidung auszuschalten. Eine Person, die einen solchen »Aus-Knopf« bekommt, wird weniger gegen die Einschränkung protestieren, und zwar auch dann, wenn sie den Aus-Knopf gar nicht benutzt. Allein das Wissen über die Möglichkeit der eigenen Kontrolle, die Idee, seinem Schicksal nicht vollkommen ausgeliefert zu sein, verschafft der Person spürbare Erleichterung.

Die Anwendung für Verkäufer geht so: Wenn es einen Interessenten gibt, den der Verkäufer auf keinen Fall kontaktieren will, dann darf er die Bearbeitung ablehnen. Der Interessent kann von jemandem anderen übernommen oder in die Ablage gepfeffert werden. Es ist ein »Aus-Knopf« für einen Interessenten, der nur noch nervt.

Die Einrichtung dieser Option allein hat erfahrungsgemäß dazu geführt, dass Verkäufer dazu tendieren, Interessenten sogar dann noch zu bearbeiten, wenn sie sich lustlos von Wiedervorlage zu Wiedervorlage schleppen oder wirklich nerven. Denn man könnte sie ja jederzeit weghauen.

Ein solcher »Aus-Knopf« heißt:

»Lass ihn zischen, nimm 'nen Frischen.«

Übergeordnete Regel

Diese eine wichtige, übergeordnete Regel darf der Verkäufer niemals verletzen:

Der Kommunikationsprozess ist wichtiger als der Verkaufsprozess.

Falls alle Stricke reißen und der Verkaufsprozess sich völlig verfahren hat, gibt es immer eine Abhilfe: Die erneute Etablierung eines Kommunikationprozesses.

Selbst wenn der Kommunikationsprozess nur rehabilitiert werden kann, indem der Verkäufer den Interessenten zunächst vollständig aus dem Verkaufsprozess entlässt, oder »zweiter Mann« anwendet, ist die Wiederherstellung einer funktionierenden Kommunikation immer die unverzichtbare Grundlage für eine Chance, den Verkaufsprozess wieder aufnehmen zu können.

Mit Hilfe der Kaffeefragen erhält der Verkäufer Zustimmung zum Kommunikationsprozess. Mit den Qualifikationsfragen findet er heraus, was der Interessent wirklich will, auf welche Weise der Entscheidungsprozess beim Interessenten abläuft und welches finanzielle Potenzial der Interessent hat – also: ob der Interessent wirklich qualifiziert ist. Und mit jeder Beantwortung einer Abschlussfrage kommt der Interessent dem Abschluss immer näher.

Nur ein kleines Problem lauert da noch– der Preis!

Und genau damit befasst sich das nächste Kapitel.

Achtes Kapitel
Schock für den Verkaufsprozess: ›Zu teuer!‹

Genau dann, wenn der Verkäufer schon sicher ist, dass alle Mann angeschnallt im Boot sitzen … Produkt X ist interessant, Nutzen Y wünschenswert, Abhilfe für die Situation Z wird für notwendig erachtet, Entscheidungsweg bekannt, Potenzial vorhanden – man ist ja schließlich nicht bei armen Leuten …

Da kommt – auf einmal! – ein Kaufmann, ein »Finanzminister«, eine »Muttergesellschaft«, eine »Deutschlandzentrale«, ein »Internationales Headquarter«, ein Controller, Buchhalter, Inhaber, Mitgesellschafter, Ehemann, Ehefrau, Steuerberater, Unternehmensberater, Erbsenzähler, Kaffeesatzleseberater – irgend so ein als Spielverderber verkleidetes Gespenst – um die Ecke gebogen und dann heißt es plötzlich lapidar:

Genau! Zu teuer. Kein Geld. Budget gekürzt, Etat gestrichen, Projekt zurückgestellt, Planung auf Eis gelegt, Thema auf nächstes Jahr verschoben, allgemeines Weiterleben fürs Erste abgeblasen.

Und wie bei Gottschalk, wenn eine Wette verloren wird, säuselt die Musik traurig abwärts, der Verkäufer trudelt, seiner Schubreserven beraubt, aus luftiger Höhe nach unten, tiefer und tiefer, im freien Fall uuuuund Bums! Ende. Aus und vorbei. Die ganze Arbeit umsonst.

Grauenhaft. Einfach furchtbar. Erstmal raus und eine rauchen.

Aber halt. Stopp! Das Buch ist ja noch nicht zu Ende! Hier kommt sie, die ultimative Abhilfe gegen den so gefürchteten Schock für den Verkaufsprozess. Ja, es gibt sie tatsächlich. Die Abhilfe. Dramaturgische Methodik, ausgeborgt bei den Theaterwissenschaftlern (verblüffend, aber sogar solche Leute können für irgendwas gut sein).

Natürlich gibt es auch eine Art Erste Hilfe für diese »Zu-teuer«-Nummer (siehe ein paar Seiten weiter). Doch die eigentlich wirksame Lösung liegt nicht in einer schlagfertigen Antwort auf den vermeintlichen Befreiungschlag des in die Enge getriebenen Interessen-

Aufstand der Verkäufer. Stephan Gebhardt-Seele

ISBN 978-3-527-50598-2

ten (»zu teuer!«), womit sich dieser nur aprupt einer Fortsetzung des Verkaufsprozesses entziehen will. Die eigentlich wirksame Abhilfe liegt vielmehr darin, den Interessenten vorher auf eine Weise *zu präparieren*, dass er einen solchen Überraschungsangriff gar nicht erst erwägt.

Um zu verstehen, wie das geht, lassen Sie mich erstmal generell über Geld reden.

Geld und Kosten

Beim Thema Geld können wir zusammenfassen: Die Leute spinnen. Die »Finanzkrise« hat aufs Neue bestätigt, dass Leute scharen-, horden-, branchen- und völkerweise jeden gesunden Menschenverstand verlieren, wenn es um Geld geht. Und zwar nicht nur die Laien. Auch die ganz Gescheiten, die in Zeitungen und im Fernsehen salbungsvolle Erklärungen abgeben, während Wirtschaftsjournalisten, Geldanleger und Hobbykapitalisten andächtig an deren Lippen hängen. Ganz zu schweigen von den Politikern, die zwar vorher immer wahnsinnig verantwortungsbewusst daherreden, aber dann mit Geld, das ihnen gar nicht gehört, wie wild gewordene Irre um sich werfen. Beim Geld hört nicht nur die Freundschaft auf, sondern die Verrücktheit fängt definitiv an.

Auch jenseits der gebeutelten Finanzwirtschaft, also in der so genannten »Realwirtschaft«, sind die meisten Leute beim Thema »Geld« erschreckend unvernünftig und unlogisch.

Nicht wenige Interessenten (wir hatten das Thema bereits) neigen dazu, als Allererstes, mitunter noch vor der ersten Kontaktaufnahme, nach dem Preis zu fragen. Noch bevor irgendetwas davon klar ist, was sie eigentlich wollen und was auf irgendeine Weise sinnvoll, verfügbar oder lieferbar ist, wollen Sie wissen, was »es« kostet. Solche Leute, bei denen sich immer nur alles um die Frage dreht, was was kostet, sind auf amüsante Weise prollig, etwa wie ein neureicher Opernsnob, der zwar weiß, wieviel Geld er für sein Abonnement bezahlt hat, der aber *Carmen* für eine TV-Moderatorin, *Don Giovanni* für ein italienisches Restaurant und *Aida* für einen Reiseveranstalter hält.

Einem Interessenten, der als Erstes nach dem Preis fragt oder nur den Preis und sonst gar nichts wissen will, kann man nichts verkaufen. Der Interessent fragt: Was kostet das? Der Verkäufer sagt: Soundsoviel, der Interessent darauf: Zu teuer. Ein blödes Spiel.

Man kann keine Dinge verkaufen, die ausschließlich aus einem Preis bestehen – es sei denn, man ist ein Ramschmarkt. Deren Geschäfskonzept liegt nämlich darin, dass Waren von erkennbar minderwertiger Qualität angeboten werden, die die Leute nicht brauchen und auch nicht wollen, die sie aber trotzdem kaufen, einfach weil sie billig sind.

Und noch eine Ausnahme von dieser Regel gibt es am anderen Ende der Skala. Eine unglaubliche, aber wahre Geschichte, die mir ein Juwelier vor Jahren über das Geschäft seines ehemaligen Lehrherren erzählt hat:

»Ein Stammkunde kam in den Laden. Mein Chef kannte diesen Stammkunden gut und wusste, dass er seiner Frau jedes Jahr ein Schmuckstück schenkte – für etwa 90 000 D-Mark (das war damals nämlich der jährliche Schenkungssteuerfreibetrag). Der Stammkunde kam also herein und wollte wissen, was das Collier im Fenster kostet. Noch bevor ich reagieren konnte, sprang der Juwelier auf, eilte zu dem Collier, entfernte geschwind das winzige Preisschildchen und sagte dann ganz gleichmütig und routiniert: ›Das hier? Das kommt auf 90 000 Mark.' Der Stammkunde war zufrieden und kaufte es.«

Auch hier haben wir eine der ungewöhnlichen Situationen, wo jemand nicht etwa eine Gegenleistung, sondern hauptsächlich einen Preis gekauft hat.

Aber abseits solch ziemlich seltener Ausnahmen gilt: Niemand kauft einen Preis! Wenn ein Interessent nur den Preis wissen will und sonst nix, dann wird er, nachdem der Verkäufer ihm den Preis genannt hat, nicht kaufen, sondern reflexartig sagen: »zu teuer«. Auch wenn der Preis eigentlich günstig ist.

Man könnte auch sagen: Jemand, der sich ausschließlich für den Preis interessiert und nicht für die Gegenleistung, will diese Gegenleistung eigentlich gar nicht haben.

Humor-Antworten

Auf eine offensichtlich unsinnige Frage kann man ohne Weiteres mit einer offensichtlich unsinnigen Antwort reagieren. Natürlich wird der Inspector-Columbo-geschulte Verkäufer dem Interessenten gleich darauf selbst eine Frage stellen.

Der Interessent sagt: »Wieviel kostet es?« Und der Verkäufer sagt:

»Unser jetziges Telefonat kostet nichts. Aber wenn Sie mir mehr darüber sagen, was Sie sich so vorgestellt haben, kommen wir der Sache schon näher. Was genau haben Sie sich vorgestellt?«

»Was es kostet? Viel! Wir sind nämlich sauteuer! – Aber mal im Ernst: Worauf kommt es Ihnen denn eigentlich an?«

»Was es kostet? Kommt darauf an. Möchten Sie es lieber preisgünstig oder lieber wirksam? – Kleiner Scherz! Aber Spaß beiseite: Worauf kommt es Ihnen denn wirklich an?«

»Ah, Sie wollen wissen, was es kostet? Und was Sie dafür kriegen, interessiert Sie eh' nicht, oder? Ha,ha,ha!«

Selbst beim Autohändler, wo der Interessent leicht geneigt ist, sofort nach dem Preis zu fragen (falls dieser nicht ohnehin schon auf dem Schild steht) oder – noch frecher – gleich nach dem Rabatt …

Interessent: *»Wieviel Rabatt krieg' ich denn hier bei so einem Tinnitus 3000?«*

Verkäufer: *»Och, der! Da könnte ich Ihnen 50% geben …«* (der Interessent guckt verdutzt aus der Wäsche) *… allerdings reißt mir dann mein Chef den Kopf ab. Aber Spaß beiseite: Jetzt habe ich da mal eine Frage …«.*

Es läuft immer auf das Gleiche hinaus: Die (unsinnige) direkte Frage nach dem Preis ganz am Anfang des Gesprächs muss etwas ins Humorige gezogen, der Interessent zum Sprechen gebracht werden. Die übertriebene *Ernsthaftigkeit* muss erst einmal aus dem Thema herausgenommen werden.

Zugegebenermaßen ist das Humorpotenzial bei vielen Leuten gering, und wenn es um Geld geht, geradezu homöopathisch. Daher gibt es auch eine risikolose Standardantwort, inhaltlich etwa so:

»Ich kann Ihnen ganz genau sagen, was das kostet. Deshalb lassen Sie uns doch darüber sprechen, was Ihnen wichtig ist und was genau Sie haben möchten, damit ich Ihnen einen vernünftigen Preis machen kann. Was ist es, das Ihnen an dieser Sache besonders interessant und wichtig erscheint?«

Erste Hilfe

Wann immer der Interessent sagt: »zu teuer!« (oder irgendetwas in dieser Art, wie z. B. »Mitbewerber ist billiger«), besteht die »Erste Hilfe« des Verkäufers darin, *nichts zu tun*. Vor allem nichts, was irgendwie als Widerspruch oder als Erläuterung der Preise aufgefasst werden könnte. Kein »Aber«, keine Einwände, keine Rechtfertigung, keine Erklärung, warum, und erst recht keine Lobpreisung der überragenden Qualität.

Der Verkäufer tut erst mal nichts. Dann nickt er. Macht eine bestätigende Bemerkung, z. B. »Aha.« Oder »Mhm.«

Speziell wenn der Interessent irgendwie schwafelig darum herumredet, aber klar ist, was er meint (»zu teuer«), kann der Verkäufer das sogar verstärken, indem er sagt: »Okay. Habe ich also richtig verstanden – es ist: zu teuer.« – und den Interessenten erwartungsvoll anschaut. Wenn der Interessent dann sagt »ja.« oder seine Meinung irgendwie erläutert, sagt der Verkäufer: »Ich verstehe.« (Pause). Und dann (erraten): »Jetzt habe ich da mal eine Frage …«

Qualifikationsfragen, die nun folgen könnten, klingen so:

Verkäufer: *»Um wieviel zu teuer?«*

Interessent: *»!?!«*

Verkäufer: *»Zu teuer im Vergleich zu was?«*

Interessent: *»!?!«*

Verkäufer (dem Interessenten waren 50 000 zu viel): *»Ist es eher um 1 000 zu viel oder eher um 49 000?«*

Interessent: *»!?!«*

Wenn der Interessent irgendetwas antwortet, erhält der Verkäufer dadurch weitere Informationen über dessen wahre Qualifikation. Wenn er einfach nur verblüfft aus der Wäsche guckt oder versucht, sich mit einer »Nicht-Antwort« herauszureden, sagt der Verkäufer: »Jetzt habe ich noch eine Frage ...« und stellt dann wieder eine Qualifikationsfrage.

Doch nachdem ich nun ein paar unmittelbaren Sofortabhilfen für die bereits eingetretene Schocksituation gezeigt habe, kommt jetzt die eigentliche strategisch-planvolle Methode, wie der Verkäufer die Sache mit dem Preis einstielt. Sie ist ein hervorragender Verkaufskraft-Verstärker, der in der Regel wirksam einen Überraschungsangriff mit den »zu teuer«-Böllern verhindert und ausgezeichnet bei qualifizierten Interessenten funktioniert, während die unqualifizierten schnell das Weite suchen.

Neuntes Kapitel
Abhilfe Nr. 4: Dramaturgische Methodik als Preisschock-Puffer

Fast immer, wenn der Interessent mit der »Zu teuer«-Nummer kommt, dann haben wir eine Situation, die deshalb an die Wand fährt, weil der Interessent selbst die Sache vorbereitet hat (indem er viel zu früh nach einem konkreten Preis fragt) und der Verkäufer darauf eingegangen ist (indem er einen konkreten Preis nennt oder sogar ein komplettes Angebot abgibt). Wie schon früher beschrieben: Der Interessent hat die Giftspritze selbst gesetzt und der Verkäufer drückt ab.

In der Phase des Verkaufsprozesses, in der es eigentlich noch zu früh ist für ein konkretes Angebot, gerät der Interessent in eine Situation, wie sie auch ein Passant in einer Ladenstraße erleben könnte:

Der Passant sieht ein Kleidungsstück in einem Schaufenster auf der gegenüberliegenden Seite, das den Anschein erweckt, es könnte ihm wohl gefallen. Er schaut rüber, mustert das Kleidungsstück, dann mustert er das Schaufenster, den ganzen Laden. Weil ihm das einigermaßen zusagt, entschließt er sich, auf die andere Seite der Straße zu gehen, um das Kleidungsstück, das ihm so gut gefällt, aus der Nähe zu betrachten. Er tritt also näher, schaut sich das Kleidungsstück genauer an, und es gefällt ihm eigentlich immer besser. Er untersucht es im Detail. Klasse! Denkt er, genau so etwas hätte ich wirklich gerne!!!

Auf der Stelle sucht er nach dem Preisschildchen. Ganz klein und verschämt hat der Händler diesen Artikel mit einem winzigen Anstecker an einer nicht sofort ins Auge stechenden Stelle ausgezeichnet. So etwas macht er nur, weil es gesetzlich vorgeschrieben ist, aber eigentlich will er nur Interessenten, bei denen Geld keine Rolle spielt.

Der Passant findet also das Preisschildchen für das Kleidungsstück, das ihm so sehr gefallen hat, dass er sogar auf die andere Stra-

Aufstand der Verkäufer. Stephan Gebhardt-Seele

ISBN 978-3-527-50598-2

ßenseite gegangen ist und einige Zeit mit der näheren Inspektion desselben verbracht hat. Er schaut auf den Preis und ... macht innerlich einen Satz rückwärts!

Oh Schreck!!! Wie konnte ich nur annehmen ... – diese Modetandler sind doch alle Wucherer! Und ich hab geglaubt ... Na ja, umsonst ist der Tod, und der kostet das Leben.

Und weg ist er, der Interessent, auf Nimmerwiedersehen. Denn das nächste Mal wird er den ganzen Laden nichtmal mehr mit dem Arsch anschauen. Bei den Preisen!

Wie man den Interessenten für die Preisdiskussion präpariert

Es ist erstaunlich, dass viele Verkäufer sich einen großen Aufwand machen, um das Produkt zu präsentieren, die Vorzüge und die Möglichkeiten zu besprechen und dann versuchen, die gesamte Preisdiskussion nur ganz kurz oder sogar ohne jede Vorbesprechung in Form eines schriftlichen Angebots zu erschlagen. Denn dann passiert in der Regel genau das, was auch bei dem Passanten mit dem Schaufenster im obigen Beispiel passiert. Der Interessent hat sich über einen gewissen Zeitraum hinweg immer mehr an das Produkt angenähert und sich auch damit angefreundet. Doch gänzlich unvorbereitet und auf einmal trifft ihn dann der Preis. Wie ein Vorschlaghammer aus dem Nichts. Bumm!

Daraus muss folgender Schluss gezogen werden: Was bei dem Kleidungsstück funktioniert, funktioniert auch beim Preis: Wenn der Interessent ebenso schrittweise daran angenähert und daran gewöhnt wird, wird er den Preis schließlich leichter aktzeptieren. Schrittweise! Scheibchenweise.

Schritt eins ist nach wie vor die Gewöhnung an das Kleidungsstück, bzw. an die Vorzüge des jeweiligen Angebots. Warum das gut für ihn sein könnte. Was er eigentlich davon haben könnte. Was seine Motivation ist, dass er das überhaupt haben wollte. Welcher Nutzen, den das Angebot bietet, ist für den Interessenten wünschenswert? Aber noch nicht zu ausführlich!

Schon nachdem der Interessent ein bisschen heiß gemacht wurde, folgt der Schritt zwei: Erstmal die Preiskategorie abklopfen. Hat er schon einmal etwas Ähnliches gekauft? Hat er eine Vorstellung über die Größenordnung des Budgets?

»Um ein Angebot mit einem genauen Preis machen zu können, müssen wir ein paar Details besprechen« – so lautet das Standardargument, um ihn am Reden zu halten. Je mehr Details er preisgibt, umso besser kann der Verkäufer einschätzen, mit welchen Preiskategorie er ihn letztlich konfrontieren könnte.

»Scheibchenweise an den Preis gewöhnen« bedeutet: dem Interessenten Anhaltspunkte für die Preiskategorie geben, ohne sich genau auf ein endgültiges Angebot für diesen Interessenten festzulegen. Und jedesmal, wenn ihm der Verkäufer wieder einen Hinweis gegeben hat, in welcher »Preisklasse« sich die Sache bewegt, muss abgeklopft werden, ob der Interessent »noch da« ist.

Beispiel:

Verkäufer: *»Diesen Wagen habe ich gerade kürzlich für rund 50 000 Euro verkauft. Allerdings mit Vollausstattung. Es erhebt sich somit die Frage, ob alle denkbaren Extras wirklich nötig sind. Möglicherweise kann man auch noch etwas mit dem Rabatt machen* (den hat der Verkäufer natürlich schon vorher mit eingerechnet). *Sind wir denn bei dieser generellen Größenordnung schon ganz weit weg* (macht eine theatralische Handbewegung in Richtung Milchstraße), *also im Weltall, oder gibt es noch Chancen auf den Wiedereintritt in die Erdatmosphäre?«*

Interessent (schluckt): *»Hm. 50 000 – wow! Nun, das ist schon ziemlich viel …«*

Verkäufer: *»Nun, in Ordnung. Ich habe Ihnen auch die Version mit der Topmotorisierung genannt. Welche Größenordnung hat Ihnen denn so vorgeschwebt?«*

Interessent: *»Nun ja, ich habe eher so mit 35 gerechnet.«*

Verkäufer: *»Okay. Ich habe da mal eine Frage: Welche Eigenschaften sind Ihnen denn an einem Wagen dieser Art besonders wichtig?«*

Das Prinzip lautet: Der Verkäufer nennt eine Preiskategorie (keinen Preis) und signalisiert dem Interessenten ein Hintertürchen, damit ein eventueller Schock über die Preiskategorie dem Interessenten nicht sofort das Licht ausbläst.

Beispiel:

Verkäufer: »*Einige unserer Kunden haben Projekte von ziemlich vergleichbarer Art bei uns gekauft. Das lag dann bei rund 50 000 Euro. Das ist jetzt nur mal so eine Hausnummer. Sind wir denn bei dieser generellen Größenordnung schon ganz weit weg* (macht eine theatralische Handbewegung in Richtung Milchstraße), *also im Weltall, oder haben wir noch Chancen auf einen Wiedereintritt in die Erdatmosphäre?*«

Interessent (bewahrt Haltung): »*Nun, das ist schon etwas mehr, als ich gedacht habe …*«

Verkäufer: »*In Ordnung. Das war jetzt ja auch nur eine ganz grobe Hausnummer. In welcher ungefähren Kategorie hätten denn Ihre Vorstellungen gelegen?*«

Interessent: »*Ich habe eher so mit 35 gerechnet.*«

Verkäufer: »*Okay. Ich habe da mal eine Frage: In welchem zeitlichen Rahmen sollte ein solches Projekt Ihrer Ansicht nach realisiert werden?*«

Sobald der der Interessent signalisiert, dass er mit der genannten Preiskategorie überfordert ist, darf der Verkäufer auf keinen Fall sofort dazu übergehen, ihm eine niedrigere Preiskategorie zu nennen. Auf keinen Fall!

Denn wenn der Interessent eine Preiskategorie ablehnt, und der Verkäufer daraufhin sofort eine niedrigere Kategorie anbietet, dann wird der Interessent auch diese »zu teuer« finden. Oder er wird vermuten, dass er dann nicht mehr das bekommt, was er eigentlich wollte. Diese Nummer geht in der Regel so lange weiter, bis der Verkäufer einfach keine niedrigere Kategorie mehr anbieten kann. Der Interessent hat schon nach dem ersten niedrigeren Preisvorschlag insgeheim beschlossen, dass *jeglicher* Kauf bei diesem Anbieter »zu teuer« ist. Und findet daher folgerichtigerweise alle anderen Preiskategorien bis hinunter zur alleruntersten »zu teuer«. Dieser Interessent hat sich selbst aus dem Rennen geworfen (aber der Verkäufer hat ihm dabei kräftig geholfen).

Daher muss der Verkäufer, sobald der Interessent eine Preiskategorie ablehnt, das Thema »Geld« unauffällig verlassen (siehe »Nonsequitur-Prinzip«, Kapitel 5) und wieder auf Dinge zu sprechen kommen, die den Interessenten tatsächlich interessieren. Auf diese Weise erfährt der Verkäufer mittels weiterer Qualifikationsfragen, ob die Vorstellungen des Interessenten über das, was er tatsächlich haben will und seine finanziellen Möglichkeiten überhaupt zusammenpassen.

Irgendwann wird im Wechselspiel von Besprechung von Leistung und Preiskategorien etabliert, wie das, was den Interessenten wirklich interessiert, mit dem, was der Verkäufer anbieten kann, zusammenpassen könnte. Erst dann kommt der Zeitpunkt, wo der Verkäufer in konkrete Preisverhandlungen einsteigen kann.

Das leitet uns noch zu folgendem Sonderfall: Der Interessent simuliert schon aufgrund der ersten genannten Preiskategorie eine Art epileptischen Anfall – worauf der Verkäufer sofort aufhört, zwischen Preiskategorien und Leistungsmöglichkeiten hin- und herzupendeln, sondern als erstes Qualifikationsfragen aus dem Abschnitt »Erste Hilfe« in Stellung bringt:

Verkäufer (gleichmütig, berichtend): »*Einige unserer Kunden haben Projekte von ziemlich vergleichbarer Art bei uns gekauft. Das lag dann bei rund 50 000 Euro. Das ist jetzt nur mal so eine Hausnummer. Sind wir denn bei dieser generellen Größenordnung schon ganz weit weg* (macht eine theatralische Handbewegung in Richtung Milchstraße), *also im Weltall, oder haben wir noch Chancen auf einen Wiedereintritt in die Erdatmosphäre?*«

Interessent (schnappt nach Luft): »*Nun, das ist … äh … öh … eher im Weltall … also deutlich über unseren Möglichkeiten …*«

Verkäufer: »*Aha. Also: Zu teuer.*«

Interessent (ringt um Fassung, macht eine gute Show): »*Ja, definitiv. Viel zu teuer.*«

Verkäufer (ungerührt): »*Okay. Eher um 1 000 zu teuer oder eher um 49 000?*«

Bevor der Verkäufer also auch nur erwägt, weiter über die Leistung oder über eine mögliche preisgünstigere Kategorie zu sprechen, will er erstmal wissen, ob dieser Interessent generell qualifiziert ist, ein Kunde zu werden.

Ein wunderbarer Katalysator für die Preisvermittlung

»Katalysator« ist ein Begriff aus der Chemie und bedeutet: Eine Substanz, die eine chemische Reaktion beschleunigt, die jedoch dabei nicht verändert und nicht aufgebraucht wird. Der Katalysator im Abgassystem eines Autos (kurz »Kat«) bewirkt unter anderem eine Umwandlung des giftigen Kohlenmonoxids in das völlig harmlose Kohlendioxid.

Die letztgenannten Beispieldialoge demonstrieren einen ganz subtil wirkenden Katalysator für die Preisvermittlung. Und der lautet: *Berichten statt Versprechen.*

Der Verkäufer hat eine Preiskategorie benannt. Aber er hat das nicht in Form eines Versprechens getan. Ein Versprechen wäre gewesen: »Dieser Wagen kostet so um die 50 000«, womit gemeint wäre: »Ich kann Ihnen einen solchen Wagen für ungefähr 50 000 Euro verkaufen.« Darauf denkt der Interessent sinngemäß: »Ich bin mir nicht sicher. Was ist, wenn ich nein sage?«

Der Verkäufer hat jedoch gesagt:

Verkäufer: *»Diesen Wagen habe ich gerade kürzlich für rund 50 000 Euro verkauft ...«*

Und:

Verkäufer: *»Einige unserer Kunden haben Projekte von ziemlich vergleichbarer Art bei uns gekauft. Das lag dann bei rund 50 000 Euro ...«*

Es ist äußerst unwahrscheinlich, dass der Interessent angesichts dieses schnörkellosen Berichts denkt: »Glaub' ich nicht!« Sondern er wird, ob er selbst den Preis nun für angemessen hält oder oder nicht, die Tatsache hinnehmen müssen, dass wahrscheinlich jemand dieses Auto bzw. ein ähnliches Projekt tatsächlich für 50 000 Euro gekauft hat.

Ein Versprechen ist eine Aussage über die Zukunft. Ein Bericht ist eine Aussage über die Vergangenheit. Eine Aussage über die Zukunft kann viel leichter in Zweifel gezogen werden als eine Aussage über die Vergangenheit, denn die Vergangenheit ist ja schon geschehen und somit auch belegbar und nachprüfbar. Für die Zukunft gilt immer noch: Wer ist schon ein Hellseher? Bei Berichten über die Vergangenheit hingegen muss eingeräumt werden: Wenn der Interessent den Verkäufer nicht geradeheraus einen Lügner nennen will, dann wird er die mögliche Korrektheit einer solchen Berichts-Aussage zumindest in Betracht ziehen.

Warum ist »Berichten statt Versprechen« ein Katalysator? Es verlangt vom Verkäufer keinen zusätzlichen Aufwand, dieselbe Sache anstatt in Form eines Versprechens von Zukunft als Bericht über die Vergangenheit zu vermitteln, jedoch wird die Glaubwürdigkeit seiner Aussage dadurch deutlich erhöht. Und der Interessent wird an eine Preiskategorie gewöhnt in der Art von: »Es ist durchaus üblich, denn andere haben das auch gemacht.«

Der Königsweg

Der Königsweg der Preisvermittlung besteht darin, den Interessenten zunächst schrittweise mit einem höheren Preis vertraut zu machen als dem, den der Verkäufer eigentlich erzielen will. Denn damit etabliert der Verkäufer einen Bezugspunkt. Der Interessent kann den schließlich realistischen Preis für sein Angebot dann mit dem früher genannten, höheren Preis in Beziehung setzen und auf diese Weise zu der Ansicht gelangen, einen guten Deal machen zu können

Hierzu ein orignelles Beispiel:

Eine Firma, die eine Brotbackmaschine für 75 Euro in Kaufhäusern ausstellte, bemerkte, dass fast niemand das Teil kaufte. Eine Brotbackmaschine für 75 Euro – ist das nun ein gutes oder ein schlechtes Angebot? Die Leute wussten es nicht, denn es hatte vorher überhaupt keine Brotbackmaschinen gegeben und es gab auch jetzt keine anderen. Etwas, das man nicht gut einordnen kann, kann man nicht kaufen.

Die Lösung: als der Hersteller neben die 75-Euro-Brotbackmaschine eine zweite, größere Brotbackmaschine für 120 Euro hinstellte, wurde die kleinere plötzlich regelmäßig gekauft. Warum? Weil die Interessenten den Preis für die kleinere Maschine nun zu etwas in Beziehung setzen konnten, nämlich zu dem Preis der größeren. Und schon war es gar nicht mehr so wichtig, zu was die Brotbackmaschine eigentlich gut war und ob man so etwas wirklich braucht. Die Leute kauften die kleinere Brotbackmaschine, weil sie dachten, sie sei günstiger und damit ein gutes Angebot.

Der sichere Weg

Das sichere Verfahren, den Interessenten schrittweise mit dem Preis vertraut zu machen, besteht nur aus drei Komponenten.

1. Nicht den Preis nennen, sondern eine *Preiskategorie,* wobei dem Interessenten gewisse Hoffnung gemacht werden kann, dass der Endpreis unter Umständen noch niedriger sein könnte (funktioniert auch dann, wenn der Endpreis am Ende doch nicht niedriger ist).
2. Nachdem eine Preiskategorie umrissen wurde, checkt der Verkäufer, ob der Interessent »noch da« ist.
3. Das Thema Preise und Geld nicht erst am Schluss ansprechen, sondern so früh wie möglich; es dann wieder verlassen, um über die Leistung zu sprechen, dann wieder zurückkehren zum Thema Geld – also einige Male zwischen Preis und Leistung hin- und herpendeln, bis der Interessent mit der Größenordnung, die tatsächlich zum Tragen kommt, vertraut gemacht ist und die Qualifikationsfragen einen klaren Blick auf die wahre Qualifikation des Interessenten zulassen.

Bevor schließlich ein schriftliches Angebot ergeht, muss der Verkäufer im mündlichen Dialog den Preis klipp und klar mit dem Interessenten vereinbart und fest abgesprochen haben. Aber dazu später mehr.

Kommen wir zunächst zu einem Akt im Verkaufsprozess, für dessen eingehende Betrachtung ein separates Kapitel nötig ist: Das Verkaufsgespräch Face-to-Face, der persönliche Termin.

Im folgenden Kapitel werden wir Interessenten in zwei typischen Kategorien von Verhaltensmustern beobachten. Der kluge Verkäufer sollte auf beide vorbereitet sein. Denn beide haben ihre chararkteristische Methode, die Kontrolle über den Verkaufsprozess an sich zu reißen – was der kluge Verkäufer selbstverständlich zu verhindern versteht.

Zehntes Kapitel
Checker, Selbstdarsteller und Verkaufen mit Münchens Oberbürgermeister

Bevor wir uns mit dem persönlichen Verkaufsgespräch und den beiden Kategorien von Interessentenverhaltensmustern beim Verkaufstermin befassen, will ich kurz auf den Verkäufer zu sprechen kommen.

Ich möchte dem Verkäufer einen Kunstkniff verraten, der – völlig unabhängig davon, welche Sorte von Gesprächspartner man vor sich hat – immer funktioniert und eine fantastische Wirkung entfaltet. Es ist eine Art »Universalwerkzeug«, das dem Verkäufer hilft, die Kontrolle über den Verkaufsprozess zu behalten.

Allerdings muss ich auch gleich vorweg dazusagen: Die wenigsten können das ohne Weiteres tun, manchen mag es als schwierig und möglicherweise etwas unnatürlich vorkommen, und deshalb muss man das ein bisschen üben. Aber – versprochen: Es wirkt!

Verkaufen lernen mit Christian Ude

> Seit 1993, also zu dem Zeitpunkt, da ich dieses Buch schreibe, siebzehn Jahre, ist Christian Ude (SPD) Oberbürgermeister in München. Dreimal in Folge wurde er bisher wiedergewählt, jedesmal mit deutlich über 60 Prozent der Stimmen – und das ausgerechnet in Bayern, wo die Sozialdemokraten seit jeher ein kümmerliches Schattendasein führen – außer eben in München. Für die SPD ist er somit ein sicherer Publikumsmagnet und Vorzeige-Amtsinhaber, so mancher Anhänger anderer politischer Richtungen nennt ihn mit unüberhörbarem Respekt »den richtigen Mann in der falschen Partei«.

Aufstand der Verkäufer. Stephan Gebhardt-Seele

ISBN 978-3-527-50598-2

Was macht diesen Mann so unverschämt beliebt und erfolgreich? Warum kann er sich selbst und seine jeweiligen Themen stets so überzeugend und so bestechend sympathisch verkaufen? Warum scheint Ude, der Sympathieträger schlechthin, der in Karikaturen häufig als Monarch (König Ude) dargestellt wird, ganz gleich, um welches Thema es geht, praktisch permanent im Recht zu sein?

Wenn man sich einige Interviews mit Christian Ude ansieht (z. B. auf YouTube oder auf seiner eigenen Website www.christian-ude.de), dann fällt eine Sache auf, die Ude immer ganz konsequent durchzieht.

Unabhängig vom Thema und unabhängig davon, ob er vor einem Massenpublikum steht oder in einem 4-Augen-Gespräch einem einzigen Interviewer antwortet:

Christian Ude spricht stets langsam und deutlich.

Er spricht immer einen Tick langsamer und ein hörbares Quentchen deutlicher als die anderen Gesprächsteilnehmer, setzt die Worte sorgsam voneinander ab und artikuliert jede Silbe mit Sorgfalt. Gerade genug, damit es unüberhörbar bleibt, aber niemals so übertrieben, dass die Masche nervt oder den Zuhörer ungeduldig macht. Er kommt dadurch als vollkommen trittsicherer, starker Redner rüber, obwohl er genauso oft »also …« und »äh …« sagt wie viele andere Leute.

Dieser schauspielerische Kunstkniff lässt ihn durchweg als jemand erscheinen, der vollkommen überzeugt ist von dem, was er sagt und absolut und jederzeit für seine Äußerungen einsteht. Mit einem Wort: glaubwürdig.

Wenn man das selber mal ausprobiert: Langsameres und deutlicheres Sprechen hindert den Sprecher auf natürliche Weise daran, sich ständig zu verhaspeln und auch sich immer wieder zu relativieren oder zu korrigieren – beides sind Dinge, die jeden Redner fahrig und unsicher wirken lassen.

Professionelle Schauspieler und Sänger haben eine einfache Methode, sich das beizubringen: Sie lesen einen beliebigen Text laut, während sie einen Korken zwischen den Zähnen geklemmt halten. Wenn man das regelmäßig macht, wird die eigene Aussprache sehr schnell hörbar deutlicher. Probieren Sie es aus!

Es bleibt jedoch immer noch die Frage: *Warum* funktioniert diese Masche eigentlich so gut? Man könnte doch meinen, Politiker werden gewählt aufgrund der Inhalte, die sie vertreten – stimmt aber nicht.

Gesamteindruck wirkt stärker als der Inhalt des Gesagten

Unter Wahlkampfberatern gilt schon lange als gesicherte Tatsache: Der Gesamteindruck des Kandidaten, die Körpersprache und die Art der Ausdrucksweise und der Artikulation bestimmen das Urteil der Zuschauer, nicht der Inhalt des Gesagten.

An den Inhalt des Gesagten konnten sich kurze Zeit später laut einschlägigen Umfragen nur noch ganz wenige Leute erinnern. Der Gesamteindruck des Auftretens eines Kandidaten blieb jedoch dauerhaft im Gedächtnis. Ein denkwürdiges Fernsehduell war einer der Hauptgründe, warum Nixon 1960 die Präsidentschaftswahl in den USA um Haaresbreite gegen Kennedy verlor. Der alternde, mit dem Medium Fernsehen wenig vertraute Nixon sah nicht nur grau und unrasiert aus, sondern wirkte auch unkonzentriert und nervös. Kennedy dagegen hatte einen optisch glänzenden Auftritt und brachte seinen jugendlichen Charme forsch in Stellung.

Im Verkaufsgespräch trifft dies natürlich ebenso zu. Inhaltliche Details sind immer nachrangig, wenn nicht gar total unwichtig. Der Gesamteindruck, die Atmosphäre, das Bauchgefühl bestimmen, was aus dem Gespräch im Kopf des Interessenten hängen bleibt.

Ein Verkäufer, der permanent sabbelt, zu schnell oder fahrig redet, in der fehlgeleiteten Anstrengung, in kurzer Zeit maximale Mengen an Argumenten rüberzubringen, produziert Beunruhigung im Kopf des Gesprächspartners. Inhaltliches tritt in den Hintergrund. Der Interessent hat das Gefühl, die Sache ist unsicher, kritisch, risikoreich, nicht mehr überschaubar. Also kauft er nicht.

Ein Verkäufer, der seine Worte sorgfältig setzt, Pausen macht, zum Schluss kommt, statt seinen Gegenüber endlos zuzutexten, ein Verkäufer, der seine Fragen klar und deutlich stellt, mit einem eindeutigen Fragezeichen am Ende, den Interessenten dann erwartungsvoll anschaut, dessen Antwort akzeptiert und angemessen bestätigt, ein solcher Verkäufer erzeugt Sicherheit und Beruhigung beim Interessenten. Und ein beruhigter Interessent kauft wesentlich häufiger als ein beunruhigter.

Das ist es, was wir von Christan Ude lernen können. Ude gibt einem das Gefühl, dass er auch als Pferdeflüsterer arbeiten könnte. Allein durch seine Art und Weise zu sprechen vermittelt er Vertrauen.

Vertrauen: Allein darauf kommt es an. Worte sind Schall und Rauch. Vertrauen ist alles.

Nun habe ich erwähnt, dass Interessenten im persönlichen Termin zwei Kategorien von Verhaltensmustern verwenden, die den Verkäufer extrem beim Etablieren von Vertrauen behindern können. Und hier sind sie:

Verhaltensmuster von Interessenten: zwei Kategorien

Interessenten, mit denen wir einen Verkaufstermin abhalten, können ganz grob in zwei Kategorien eingeteilt werden.

1. Checker
2. Selbstdarsteller

Sicher, das ist wirklich sehr grob. Es handelt sich um zwei Extrempositionen auf einer breiten Skala mit vielen kleinen Abstufungen. Schauen wir uns die beiden Richtungen an:

Der Checker hat sich fest vorgenommen, den Verkaufstermin zu nutzen, um etwas zu erfahren. Er will den Verkäufer und sein Angebot auschecken, die Sache »auf Herz und Nieren« prüfen. Im Termin stellt der typische Checker Fragen, hört sich die Antwort an und hinterfragt unter Umständen auch die Antworten bis ins Detail.

Ein Checker ist geneigt, eher wenig Information von sich preiszugeben.

Der Selbstdarsteller hat den Verlauf des Verkaufstermins weniger genau oder gar nicht geplant. Vielmehr tendiert ein Interessent der Kategorie »Selbstdarsteller« dazu, die Gelegenheit, dass ihm jemand aufmerksam zuhört, zu nutzen, um sein Defizit an Aufmerksamkeit und Bewunderung auszugleichen und sich selbst, sein Unternehmen und seine Situation ausführlich darzustellen.

Ein Selbstdarsteller will eher wenig von dem hören, was der Verkäufer ihm mitzuteilen hätte, lustigerweise sogar dann, wenn er selbst danach gefragt hat.

Verkaufsabschlüsse können sowohl mit »Checkern« als auch mit »Selbstdarstellern« gemacht werden. Allerdings liegt die Wahrscheinlichkeit, dass auf den Verkaufstermin ein Abschluss folgt, zwischen Checkern und Selbstdarstellern nicht genau bei 50/50, sondern leicht verschoben zugunsten der Selbstdarsteller. Die nachfolgende Grafik illustriert dies:

Unwahrscheinlicher Abschluss	Möglicher Abschluss	Unwahrscheinlicher Abschluss
◄	———	►
Checker: will nix sagen		Selbstdarsteller: will nix wissen

Sowohl der extreme Checker als auch der extreme Selbstdarsteller werden einen Verkaufsabschluss konsequent verhindern. Beide sind gleichermaßen introvertiert und hauptsächlich mit sich selbst beschäftigt. Sie wollen nur Recht haben, aber nicht kooperieren.

Der extreme Checker ist mit sich selbst in Form seiner Skepsis beschäftigt. Er geht mit der festen Überzeugung in den Termin, zu zweifeln und kommt mit genau demselben Gefühl wieder heraus. Er kann nicht dazu gebracht werden, seine vorgefassten Meinungen zu ändern. Selbst wenn er vorgibt, »überzeugt« werden zu wollen, sucht er in Wahrheit nur die Bestätigung, dass er mit seinen Zweifeln Recht hat.

Der extreme Selbstdarsteller ist generell und ausschließlich mit sich selbst beschäftigt. Ein Verkaufstermin ist für ihn eine Plattform für exzessive Selbstdarstellung, Gelaber, ausschweifende Erörterungen, möglicherweise als Kompensation dafür, dass ihm selbst mangelnde Aufmerksamkeit entgegengebracht wird. Sein Interesse am Verkäufer und am Angebot ist geheuchelt, er kann oder will nicht kooperieren.

Beide Extreme können letztlich nicht auf die Spur eines echten Kommunikationsprozesses in Form von Austausch von Informationen gelangen und beide können somit auch nichts erfahren. Der Extrem-Checker, weil er schon alles weiß, der Extrem-Selbstdarsteller, weil er nichts wissen will. Mit Interessenten auf einer der beiden Extrempositionen kommt es in der Praxis nie zu einem Verkaufsabschluss.

Checker sind potenzielle Verkaufsverhinderer

Die Erfahrung hat gezeigt, dass Checker es schwerer haben, etwas zu kaufen, als Selbstdarsteller. Leute auf der Checker-Seite werden von ihren eigenen Zweifeln daran gehindert, eine Entscheidung zu treffen.

Die Überzeugungskraft logischer Argumentation wird jedoch (wie ich bereits dargelegt habe) von vielen Verkäufern überschätzt. Interessenten, die dem Verkäufer durch ihre Checkerei ständig in die Position des Argumentierens hineinzwingen, verhindern auf diese Weise den Abschluss. Ein Verkaufsgespräch, das darauf hinausläuft, dass der Verkäufer Vorträge hält und ausschließlich die Fragen des Interessenten beantwortet, führt so gut wie nie zum Abschluss, selbst wenn der Verkäufer jeden Einwand und jede Frage des Checkers kompetent beantwortet und selbst wenn es dem Verkäufer gelingt, mit Argumenten und mit seinem Wissenvorsprung jedweden Zweifel auszuräumen, den ein Checker vorbringt. Denn eine alte Verkäuferregel (die jeder erfahrene Verkäufer kennt) lautet: *Eine gewonnene Diskussion ist ein verlorener Abschluss.*

Zusammen mit der anderen früher bereits erwähnten alten Verkäuferregel (*Zwei Drittel redet der Interessent, ein Drittel der Verkäufer)* ergibt sich:

Ein Interessent muss im Verkaufstermin in gewisser Weise zur Selbstdarstellung, also zum Reden, gebracht werden, sonst ist ein Abschluss unwahrscheinlich.

Somit ist der Verkäufer bei einem Interessenten auf der Selbstdarsteller-Seite erst einmal besser dran. Bis auf die total Zwanghaften am äußersten Ende der Skala wird mit Interessenten, die dazu tendieren, über sich, ihr Unternehmen und ihr Anliegen zu erzählen, eher ein Verkaufsabschluss erzielt. Denen hört der Verkäufer aufmerksam zu, erfährt auf diese Weise, was dem Interessenten wichtig ist und kann mit wenigen Qualifikations- und Abschlussfragen ans Ziel kommen.

Bei den Interessenten auf der Checker-Seite muss der Verkäufer anstreben, insgesamt einen kompetenten und sympathischen Eindruck zu vermitteln, während er die Fragen des Interessenten kurz (kurz!) beantwortet (nur damit dieser nicht denkt, er kriegt keine Informationen), um im Anschluss an jede Antwort selbst eine Frage zu stellen. Um auch den Checker zum Reden zu bringen.

Gebrauchsanleitung für das Verkaufen in zwei Punkten

Zusammenfassend lassen sich zwei Punkte formulieren, die der Verkäufer in jedem Verkaufsgespräch beherzigen soll, unabhängig von inhaltlichen Details. Interessant daran ist nicht etwa, was die Punkte sind, sondern die Tatsache, dass es eigentlich nur auf diese zwei ankommt.

1. *Der Verkäufer muss Kompetenz und Sympathie ausstrahlen.*

Die genauen Inhalte des Gesprächs sind nachrangig, um nicht zu sagen: weitgehend irrelevant.

»Kompetenz ausstrahlen« heißt nicht »viel reden«, es genügt völlig, etwas über das eigene Geschäft zu wissen. Doch der Verkäufer muss nichts beweisen. Um Sympathie auszustrahlen, muss man lediglich zuhören können, nett sein, Anteilnahme demonstrieren und allgemeine Benimmregeln einhalten.

Der Interessent möchte eigentlich keinen »Verkäufer« kennenlernen, sondern einen Fachmann, mit dem er das Gefühl hat, fachlich und geschäftlich gut zusammenarbeiten zu können.

Und wie wird der Verkäufer zu so einem sympathischen Fachmann? Nicht indem er seinen Wissensvorsprung dauernd heraushängen lässt, sondern indem er vielmehr den guten alten Onkel Doktor gibt. Der weiß zwar viel, spricht aber wenig. Schaut freundlich drein, mit Anteilnahme am Patienten, macht hier mal »Aha« und da mal »Mhm«, und sagt dann: »Ja, ich kann Sie gut verstehen. Da waren schon eine Reihe von Patienten da, die mir das berichtet haben. Nun, da hab ich was für Sie. Lassen Sie mich kurz nachsehen ... Ah, da hätte ich noch eine Frage: ...«

2. *Der Verkäufer muss Abschlussfragen stellen.*

Wenn man Abschlussfragen stellt, bekommt man den Abschluss. Wenn nicht, dann nicht.

Es kann vorkommen, dass man Qualifikationsfragen stellen muss, um herauszufinden, was eine geeignete Abschlussfrage ist.

Wer einen Verkaufsabschluss will, muss Abschlussfragen stellen.

Eine einzige Einschränkung für diesen zweiten Punkt gibt es allerdings. Abschlussfragen entfalten ihre fantastische Wirkung nur bei den Entscheidern (die Antwort des Interessenten lässt den Abschluss wahrscheinlicher werden).

Bestimmte Akquisitionsprozesse bringen es jedoch mit sich, dass der Verkäufer im Vorfeld eines möglichen Abschlusses mit Nichtentscheidern spricht. Daher verdient der Umgang mit diesen eine eingehendere Untersuchung. Denn Nichtentscheider können zwar nichts entscheiden und somit den Verkaufsprozess nicht wirklich fördern, doch können sie ihn – leider – sehr wohl beschädigen oder ganz zum Erliegen bringen. Und häufig tun sie das auch. Sie tun es interessanterweise sogar dann, wenn sie selbst die Sache, um die es geht, befürworten und wirklich haben wollen.

Womit wir zum nächsten Kapitel gelangen, in dem es um die Spezialbehandlung für Nichtentscheider geht.

Elftes Kapitel
Abhilfe Nr. 5: Die Spezialbehandlung für Nichtentscheider

Die Anleitung für die Einstufung und Behandlung von Checkern und Selbstdarstellern im vorangegangenen Kapitel gilt, wie bereits erwähnt, für Entscheider. Für Nichtentscheider (falls der Verkäufer mit so jemandem überhaupt einen Termin abhalten will) gilt: Man behandelt sie grundsätzlich wie »Checker«.

Und zwar auch dann, wenn sie sich wie Selbstdarsteller aufführen! Der Verkäufer muss deren Selbstdarstellungstrieb auf milde Weise eindämmen. Denn ein Nichtentscheider kann, wie der Name schon sagt, nichts entscheiden und wird dem Verkäufer schon deshalb die Situation häufig anders darstellen, als sie wirklich ist. Günstigstenfalls wird der Nichtentscheider die erhaltenen Informationen und seinen Gesamteindruck von Verkäufer und Verkaufsgespräch anschließend dem Entscheider vortragen, den der Verkäufer an dieser Stelle überhaupt noch nicht einschätzen kann. Daher bringt die ausführliche Selbstdarstellung eines Nichtentscheiders, anders als bei Entscheidern, wenig Erkenntnissgewinn für den Verkäufer und ist meistens nur Zeitverschwendung für beide Parteien.

Statt einem Nichtentscheider also einfach nur brav zuzuhören, muss der Verkäufer mittels Qualifikationsfragen in Erfahrung bringen, auf welche Weise überhaupt ein Abschluss zustande kommen könnte. Der Verkäufer muss den Nichtentscheider »checken« auf:

- Was sind die tatsächlichen Entscheidungsprozeduren im Unternehmen?
- Gibt es eine Möglichkeit, mit dem Entscheider selbst in Kontakt zu kommen?
- Wie sieht es mit der tatsächlichen Qualifikation des Unternehmens aus?
- Bringt es etwas, den Verkaufsprozess nach dem Termin fortzusetzen?

Aufstand der Verkäufer. Stephan Gebhardt-Seele

ISBN 978-3-527-50598-2

Tatsächlich kann der Verkäufer einen Termin mit einem Nichtentscheider nur dafür nutzen, einen sympathischen und kompetenten Eindruck zu hinterlassen, vor allem aber, um den Interessenten seinerseits zu »checken«.

Der Verkäufer ist ist unter Umständen gut beraten, den Interessenten ganz direkt zu fragen:

»Was muss passieren, damit tatsächlich eine Beauftragung zustande kommt?«

und:

»Für wie wahrscheinlich halten Sie es, dass tatsächlich eine Beauftragung zustande kommt?«

Es kommt dabei gar nicht darauf an, was der Nichtentscheider auf solche Fragen antwortet. Aber so lässt man ihn auf milde Weise spüren, dass, falls tatsächlich Interesse an unserem Angebot besteht, der Verkäufer die Sache nur dann weiterverfolgen wird, wenn der Nichtentscheider bereit ist, seine Hausaufgaben zu machen.

Interessenten, die auf solche Fragen nur ausweichend antworten oder gar Einwände erheben, so als wäre der Verkäufer verpflichtet, Informationen abzugeben, aber keine Berechtigung hätte, Informationen darüber zu erhalten, wie sich der Weg zu einer konkreten Beauftragung gestalten könnte, entlarven sich dadurch als gänzlich unqualifizierte »Extrem-Checker«, mit denen niemals ein Abschluss zustande kommen wird. Da es sich jedoch um Nichtentscheider handelt, besteht die verbleibende Möglichkeit auf einen Abschluss noch darin, einen Entscheider oder wenigstens eine andere Person im Unternehmen zu kontaktieren.

Nichtentscheider: Eine Geduldsprobe für den Verkäufer

Ich habe das Thema und das Leid des Verkäufers mit Nichtentscheidern ja bereits im Kapitel 3 (Vierte Station auf dem Kreuzweg des Verkäufers in fünf Stationen) angesprochen.

Demnach sind persönliche Gesprächstermine ausschließlich mit Leuten, die bei der Entscheidung über die tatsächliche Beauftragung nichts zu sagen haben, sondern nur die im Termin erhaltenen Eindrücke an andere weitergeben sollen, so gut wie immer Zeitverschwendung, weil ein solcher »interner Weiterverkauf«, egal, wie der Nichtentscheider das einschätzt, praktisch ausnahmslos in die Hose geht. Was also tun mit solchen Interessenten?

Einen Nichtentscheider spüren zu lassen, dass er dem Verkäufer für einen Termin nicht wichtig genug ist, kann den Interessenten beleidigen und den Kontakt unbrauchbar machen, noch bevor der Verkäufer genug Informationen hat, um die Wahrscheinlichkeit eines Verkaufsabschlusses tatsächlich beurteilen zu können.

In der Qualifikationsphase muss der Verkäufer einen Nichtentscheider als Interessenten selbstverständlich ernst nehmen. Der Verkäufer braucht mehr Informationen.

- Wurde die Kontaktaufnahme zum Verkäufer vom Nichtentscheider initiiert, während der Entscheider noch gar nichts von dem Vorhaben wusste?
- Oder hat ein Entscheider die Kontaktaufnahme veranlasst, der jedoch im Hintergrund bleiben wollte und erstmal seinen Adlatus zum Checken vorgeschickt hat?
- Wer ist derjenige, der die Sache *haben* möchte, und wer entscheidet über die tatsächliche Beauftragung?

Man könnte die Regel aufstellen: Ein persönlicher Termin kann abgehalten werden, wenn der Verkäufer keinen oder einen vertretbar kleinen Aufwand dafür hat. Denn dann ist es eine Nettigkeit und eine sinnvolle Werbeaktion, bei der sich Zeit- und Kostenaufwand in Grenzen halten. In dem Augenblick jedoch, da ein solcher Termin gewissen Aufwand in Form von Anfahrt, Reisespesen oder exzessive organisatorische Mehrarbeit verursachen würde, muss der Verkäufer sich darüber im Klaren sein, dass ein Termin mit Nichtentscheidern und ohne Entscheider bis auf ganz ganz wenige Ausnahmen nie zu einem Verkaufsabschluss führt.

Mit Nichtentscheidern kann man fast alles über Telefon, E-Mail und Post abwickeln. Nur für einen echten Entscheider lohnt es sich, einen persönlichen Termin abzuhalten.

Aufpassen muss der Verkäufer daher bei folgender Konstellation: Der Nichtentscheider möchte den Termin gerne haben. Auf die Anregung seitens des Verkäufers, dass die Anwesenheit eines Entscheiders sinnvoll und angeraten wäre, behauptet er, der Entscheider würde dann zum Termin dazugeholt bzw. ebenfalls anwesend sein. Man vereinbart den Termin und der Verkäufer fährt hin, nur damit ihm dann eröffnet wird, der Entscheider lasse sich entschuldigen, er könne doch nicht am Termin teilnehmen, es sei eine »ganz wichtige Angelegenheit dazwischengekommen« (ist mir in meiner musikalischen Früherziehungsphase als Verkäufer mehrmals passiert).

Das entlarvt den Nichtentscheider auf der Stelle als Lügner und rückgradlosen Opportunisten. Denn in Wahrheit hatte er den Entscheider noch gar nicht auf die Teilnahme zum Termin verpflichtet gehabt, als der Termin vereinbart wurde. Der Entscheider hatte sodann die Teilnahme am Termin abgelehnt, falls der Nichtentscheider sich überhaupt getraut hat, zu fragen. Und jetzt lügt der Nichtentscheider wieder, indem er behauptet, es sei etwas »dazwischengekommen«. Dieses »Dazwischengekommene« war in Wirklichkeit immer schon »dazwischen«, aber der Schlawiner hat den Verkäufer unverfroren antraben lassen und ihn dann vor vollendete Tatsachen gestellt.

Selbst wenn es ausnahmsweise mal stimmt, mit dem »was dazwischengekommen«, so ist das immer noch eine grobe Beleidigung für den Verkäufer. Man lässt jemand nicht über viele Kilometer anreisen, um dann einfach nicht da zu sein und sich von der zweiten Garnitur ohne Entscheidungskompetenz vertreten zu lassen. Eine ganze Menge Leute haben hier allerdings nicht das geringste Unrechtsbewusstsein.

Ich selbst bin tatsächlich schon einmal auf unsere eigenen Kosten und auf den ausdrücklichen Wunsch des Interessenten von München nach Basel geflogen, speziell zu dem vom Interessenten angekündigten Zweck, mit seinem Geschäftsführer zu sprechen, der dann einfach nicht da war.

Also Vorsicht! Verkaufstermine sind im Prinzip immer gut, aber ein großer Aufwand für ein Treffen mit einem offensichtlichen Nichtentscheider, ohne einem Entscheider in die Augen sehen zu können – das lohnt sich nicht und muss auf diplomatische Art vermieden werden. Möglich wäre ein solcher Termin allenfalls, wenn es ohnehin weitere Termine in der Nähe gibt. Die ideale Lösung ist, den Nichtentscheider dazu zu bringen, den Reiseaufwand für den Termin selbst zu unternehmen und zum Standort des Verkäufers zu kommen.

Am allerschlimmsten jedoch sind die Termine mit einem *Gremium* aus mehreren Nichtentscheidern. Üblicherweise hat der Verkäufer den Termin mit einer Person vereinbart, die häufig den alleinigen Befürworter für die Angelegenheit darstellt. Alle anderen sind skeptisch, unentschlossen oder bestenfalls gleichgültig. Sie werden den Verkäufer und seinen Auftritt kritisch beäugen, unter Umständen versuchen, sich durch das Stellen provokanter Fragen vor den eigenen Leuten zu profilieren und hinterher dem ursprünglichen Befürworter alle Zweifel und Einwände einreden, die der nicht schon selbst gehabt hatte.

Es hat keine Termine gegeben, bei denen ich mir hinterher bekloppter vorgekommen bin als die mit solchen Nichtentscheidergremien. Wahrscheinlich ist das nur noch zu toppen mit einem Antritt bei Bohlens Beleidigungsmarathon »Deutschland sucht den Superstar«.

Doch das leitet uns zu einer ganz wichtigen und zentralen Frage.

Große Firmen und Konzerne: Der unergründliche Ratschluss der zweiten und dritten Führungsebene

Verkäufer, deren Aufgabe es ist, in größeren Unternehmen und Konzernen zu akquirieren, müssen sich auf die – im Vergleich zur relativ direkten Ansprache des einzelnen Top-Entscheiders – selbstverständlich ganz anders gearteten Entscheidungsprozesse in solchen Organisationen einstellen. Denn da bekommt der Verkäufer es mit einer völlig anderen Spezies von Interessenten zu tun: der so genannten zweiten und dritten Führungsebene. Im Klartext: Nichtentscheider oder, wie ich sie nenne, »Zuständige Nichtentscheider«.

Im *SZ-Magazin* vom 11. Juni 2010 erschien ein Interview mit Franz Beckenbauer. Er wurde zu seinen zahlreichen Begegnungen mit Topentscheidern auf der internationalen Bühne befragt und hat nebenbei die Sache mit den Leuten in der zweiten und dritten Reihe, wie ich meine, sehr treffend auf den Punkt gebracht.

SZ-Magazin: Sie wurden von unzähligen Staatsführern empfangen. Ist Ihnen der Umgang mit den Mächtigen leicht gefallen?

Beckenbauer: … ich habe immer wieder festgestellt: Je größer einer in der Wertschätzung ist, umso bescheidener ist er im Auftreten. Das Problem ist die Entourage, die alles so dramatisiert. Gegenüber einem Kronprinzen im asiatischen Raum sollte ich einmal einen Diener bis zum Boden machen, weil das halt so Usus ist. Da habe ich mich geweigert. Ein Skandal, ein staatspolitisches Fettnäpfchen, aber der Prinz war begeistert. Er sagte zu mir: »Sie sind seit langem der Erste, der sich das traut. Kompliment!«

Kaiser Franz sagt es, und der muss es wissen: Das Problem ist nicht der Entscheider, das Problem ist die Entourage, der Hofstaat, die zweite und dritte Führungsebene, die zuständigen Nichtentscheider. Sie sind immer wahnsinnig zuständig, machen ein Riesen-Tamtam um unwichtige Details, können aber nichts entscheiden.

Das sogenannte Peter-Prinzip[1] und (als Verballhornung desselben) das Dilbert-Prinzip[2] geben uns zwar eine Art Erklärung, warum in Organisationen solche Leute auf ihren Positionen sitzen, enthalten aber keinen Hinweis auf irgendeine Abhilfe für den Umgang mit ihnen, wenn man irgendetwas erreichen will.

Ob nun Peter oder Dilbert Recht hat – jahrelang habe ich gegrübelt, wie man diese Leute verstehen könnte. Diese Konzerntypen, diese gestylten, offiziös-akademisch daherschwafelnden zuständigen Nichtentscheider, die den Verkäufer erst in eine superkomplizierte Detaildiskussion verwickeln, daraufhin eine umfangreiche Präsenta-

[1] Das Peter-Prinzip (beschrieben von Laurence J. Peter und Raymond Hull) besagt, dass jeder Beschäftigte in einer Hierarchie aufsteigt, weil er seine Sache gut macht, genau so lange, bis er auf einer Stufe ankommt, deren Anforderungen er nicht mehr gewachsen ist. Das bewirkt mit der Zeit, dass in einer hierarchischen Organisation immer mehr Führungspositionen von inkompetenten Leuten besetzt sind.

[2] Das Dilbert-Prinzip (stammt von Scott Adams, dem Schöpfer der Comicfigur, eines typischen Büro-Underdogs namens »Dilbert«) behauptet in Abwandlung des Peter-Prinzips, die ineffizientesten Arbeiter würden unverzüglich ins Management versetzt, wo sie den geringsten Schaden anrichten könnten. Dadurch verfügen Leute im Management weder über ausreichende Sozialkompetenz noch über die notwendigen fachlichen Kenntnisse für ihren Bereich. In dieser tragischen Situation wird der auch von persönlichen Marotten gebeutelte Mensch in seiner Hilflosigkeit ganz zum Medium der übergeordneten Zwänge – des Marktes, des Kunden, der Vorgesetzten.

tionsshow wollen, worauf schließlich – nach zahlreichen Rückfragen, Verschleppungsmanövern und einer endlosen Folge »interner Abstimmungen« – jemand anderer oder gar niemand beauftragt wird. Es ist mir über viele Jahre nicht gelungen, zu begreifen, ob und wenn ja, wie diese »Systeme« funktionieren.

Ich halte es nach wie vor für eine Beleidigung der menschlichen Intelligenz, wenn jemand aufgefordert wird, zur Lösung von vage oder völlig verkehrt formulierten Aufgaben undurchführbare Konzepte vor einem Gremium wichtigtuerischer Hofschranzen vorzutragen, damit die Gummipunkte sammeln, worauf dann irgendein Spezi den Auftrag kriegt oder einfach gar nichts passiert.

Aus meiner amüsierten Abneigung gegen diese gegelte Riege von Businessschleimern mit ihren merkwürdigen Codes habe ich nie einen Hehl gemacht. Weil ich deren Art und Weise, miteinander umzugehen, ursprünglich überhaupt nicht verstehen konnte. Aus praktischer Sicht grotesk umständlich, während sie andauernd von »Effizienz« reden. Je weniger jemand tatsächlich entscheiden kann, umso anmaßender tritt die Person auf. Wahnwitziger Aufwand mit Gremien, Konferenzen, Arbeitskreisen, Workshops, Meetings und »internen Abstimmungen«, ohne dass es zu irgendeiner Entscheidung oder gar Handlung kommt. Unwichtige Details werden in der Akquisitionsphase dutzende Male durchgekaut, doch niemals erfährt man die wahren Gründe dafür, warum man schließlich engagiert oder abgelehnt worden war. Derlei Beobachtungen haben mich jedesmal gründlich frustriert, demotiviert und vollkommen entnervt zurückgelassen. Denn für mich hat es noch nie etwas Schlimmeres gegeben, als für Verrückte oder Dummköpfe arbeiten zu müssen. Selbst wenn ich am Ende einer Reihe unergründlicher Schicksalsschläge tatsächlich beauftragt wurde, hatte ich das Gefühl, dass ich nach dem ganzen Zirkus der Akquisition für die ausgehandelte Gage eigentlich schon genug getan hatte

Aber eines Tages hatte ich es kapiert! Ich habe alle Informationen, die ich hatte, zusammengetragen, miteinander in Beziehung gesetzt und ein vernünftiges Ergebnis erhalten, das die Sache auf eine Weise erklärt, die tatsächlich eine Tür öffnet zu einer verständlichen und durchführbaren Lösung.

Zuerst habe ich die vorhandenen Erfahrungen mit Interessenten und Kunden unserer Agentur ausgewertet, auf die eine solche »konzernartige« Arbeitsweise zutrifft. Dabei konnte Folgendes festgestellt werden:

Ganz anders als bei unseren eher mittelständischen Kunden habe ich bei großen Firmen oder Konzernen im Vertriebsprozess und auch im Lieferungsprozess noch nie einen Inhaber eines solchen Unternehmens zu Gesicht bekommen. Auch Geschäftsführer haben wir maximal einmal oder gar nicht getroffen. Sowohl im Verkaufsprozess als auch in der Phase der Lieferung waren unsere Ansprechpartner grundsätzlich zuständige Nichtentscheider, die sich für eine kaufmännisch gültige Entscheidung von »oben« die Unterschrift des Top-Entscheiders zu besorgen hatten.

Als Nächstes habe ich mir vorgestellt, welche Chancen zum Beispiel eine neue Büroreinigungsfirma hätte, bei mir (dem Entscheider) einen Termin zu kriegen: nicht die geringste – egal, wie sehr sich eine solche Firma um einen Termin bemühen würde. Ich würde, sofern ich die Beauftragung einer anderen Büroreinigung auch nur in Betracht ziehen würde, unsere Office Managerin auffordern, Informationen über mögliche Anbieter und entsprechende Angebote einzuholen. Ich selbst spreche also über ein Thema, das von unserem Kerngeschäft so weit weg ist wie die Büroreinigung, ausschließlich mit unseren eigenen, nicht mit externen Personen.

Um sich nun Organisationen mit einer derartigen Arbeitsteilung im Management zu nähern, kommt man nicht darum herum, mit den Leuten zu sprechen, die diese Firma mit der Bearbeitung der entsprechenden Angelegenheiten beauftragt hat. Und das sind eben jene »Zuständigen Nichtentscheider«, also die zweite oder dritte Führungsebene.

Kurz gesagt, lautete meine Erkenntnis: Die Leute, die etwas kaufen können, werden nicht mit uns reden und die, die mit uns reden, können nichts kaufen.

Wenn man das akzeptiert hat, erhebt sich natürlich sofort die nächste Frage: Wie, um alles in der Welt, verkauft man diesen Leuten etwas, wenn die doch gar nichts kaufen können???

Und die Antwort, die ich gefunden habe, ist einigermaßen verblüffend, um nicht zu sagen: gewöhnungsbedürftig. Sie lautet:

Man verkauft ihnen gar nichts, man gewinnt sie als Freunde.

Ja, aber ...???

Diese Leute können nichts kaufen. Also kann man ihnen auch nichts verkaufen. Man kann sie bestenfalls als Freunde gewinnen, damit sie später, wenn es um einen wie auch immer gearteten Entscheidungsprozess geht, wer tatsächlich beauftragt wird, etwas für einen tun.

Dieses »später« kann unter Umständen sehr viel später sein, zum Beispiel, wenn die Person bei einem anderen Arbeitgeber sitzt.

Aber jetzt kommt's: Wie gewinnt man solche Leute als Freunde?

Antwort (bitte angeschnallt sitzen bleiben): *Indem man ihnen nichts verkauft!*

Wenn jemand ohnehin nichts kaufen kann, dann kann man auch nichts verkaufen. Schlimmer noch: Der Versuch, Nichtentscheidern etwas zu verkaufen, bringt sie in die Verlegenheit, zugeben zu müssen, dass sie eigentlich gar nichts entscheiden und somit auch nichts kaufen können. Und jemand, den man schon in der ersten Kennenlern-Phase in die Enge treibt, der wird wohl kaum ein Freund werden.

Man könnte sagen, je besser und perfekter der Verkäufer darin geworden ist, jemandem tatsächlich etwas zu verkaufen, umso größer erscheinen die Schwierigkeiten beim Versuch der Verständigung mit der zweiten und dritten Führungsebene, den »zuständigen Nicht-Entscheidern«.

Wenn der Verkäufer diese Leute dagegen einfach nur konsequent spüren lässt, dass er gar nicht erst versucht, ihnen etwas zu verkaufen, sondern einfach nur die Kommunikation aufrecht erhalten will, dann werden die schon bald weniger nervös.

Der Verkäufer muss als Erstes daran arbeiten, die zuständigen Nichtentscheider von ihrem zwanghaften »Offiziös«-Trip runterzuholen. Man muss mit ihnen plaudern. Selbst wenn sie sich dagegen wehren (was sie häufig tun) und den Verkäufer immer wieder mit allen möglichen Detailfragen herausfordern – der Verkäufer muss der Versuchung, mit seiner Expertise zu prahlen, wiederstehen, er muss dem Versuch wiederstehen, diese Leute zu unterrichten oder irgendetwas zu beweisen.

Vielmehr muss der Verkäufer konsequent an der Etablierung des Kommunikationsprozesses arbeiten und darf nicht in einen Verkaufsprozess einsteigen. Irgendwann werden die Nichtentscheider entspannter. Dann kann der Verkäufer seine Qualifikationsfragen (siehe am Anfang des Kapitels) erneut in Stellung bringen. Und weiterplaudern. Sich auch bei vermeintlichen Rückschlägen nicht aus der Ruhe bringen lassen. Weiterplaudern. Schließlich werden die Nichtentscheider dem Verkäufer sogar dabei helfen, den Auftrag tatsächlich zu erhalten.

Zuständige Nichtentscheider: Warum sie sind, wie sie sind

Das Interview in der *SZ* mit dem Führungskräftetrainer Daniel Pinnow, aus dem ich bereits im Abschnitt »Fünfte Station« des Kapitel 3 (der Leidensweg des Verkäufers in fünf Stationen) zitiert habe, hat mich schließlich draufgebracht, was es eigentlich mit diesen »Konzernleuten« auf sich hat. Hier zwei weitere Zitate aus dem Interview:

Wenn der Chef sein Votum nicht erklärt

Führungskräfte müssen Entscheidungen fällen – und darüber reden. Doch viele Chefs erklären nicht, wie sie zu einem Beschluss gekommen sind. Das führt zu Missverständnissen und Demotivation, meint Daniel Pinnow, Geschäftsführer der Akademie für Führungskräfte in Überlingen.

»Nichts demotiviert mehr, als am Anfang einer Entscheidungsfindung durch Zuarbeit beitragen zu müssen und dann nicht einmal erfahren zu dürfen, was schließlich den Ausschlag für einen bestimmten Beschluss gegeben hat. Der Teufelskreis der Demotivation geht weiter: Gut möglich, dass Mitarbeiter bestimmte Prozesse vorantreiben, ohne zu ahnen, dass sie nicht mehr im Einklang mit der Unternehmensausrichtung oder den Ideen eines Vorgesetzten sind – weil dieser lieber im stillen Kämmerlein entscheidet und staatsmännisch schweigt.«

»Jedenfalls suchen Mitarbeiter die Gründe für negative Entscheidungen dann nicht bei sich selbst oder schreiben sie reiner Willkür zu. Der erste Fall führt zu unnötiger Verunsicherung, der zweite zu Frust und innerer Kündigung.«

Vor dem Hintergrund der gesammelten Informationen habe ich nun einen alten Kunstkniff aus meiner Praxis als Direktmarketing-Werbebrief-Schreiber angewandt: Ich muss mir die Situation der Zielperson so realistisch und vorurteilsfrei wie möglich vorstellen. Dazu muss ich in der Lage sein, mir auch die Sichtweise einer Zielperson vorzustellen, die ich nicht mag oder überhaupt nicht verstehen kann. Statt nun zu überlegen, was an ihrem Tun und an ihrem »Draufsein« schlecht oder verkehrt ist, muss ich mir überlegen, was genau aus der Sicht einer solchen Person an ihrem Tun und »Draufsein« *richtig* ist. Und zwar richtig aus der Sicht der Zielperson. Dabei ist Folgendes herausgekommen:

Das Schicksal eines typischen »Konzernmitarbeiters«: Nicht auf die Reitkunst kommt es an, sondern auf den Stallgeruch

Es gibt nicht wenige Unternehmen, wo den Leuten sorgfältig beigebracht wird, dass Eigeninitiative, Innovation und echte Leistung in Form von konkreten Ergebnissen gar nicht erwünscht sind. Solche Unternehmen beteuern zwar lautstark, wie wichtig solche Eigenschaften seien, doch merken die Angestellten schon bald, dass die Dinge in der Praxis ganz anders laufen. Herausragende Fähigkeiten werden ignoriert oder sogar bekämpft. Was dagegen gut ankommt, sind Wohlverhalten, angepasstes Auftreten, Vorsicht und Rücksichtnahme, dass man anderen nicht auf die Füße tritt, lakaienartiger Bereitschaftsdienst und Schleimerei. Auf diese Weise lernen die Leute, dass es nicht auf Ergebnisse ankommt, sondern allein darauf, wie man sich selbst präsentiert.

Das Zahnarztpraxis-Prinzip (einer trifft alle Entscheidungen einsam und allein, alle anderen sind nur Assistenten, Zuarbeiter und Kabelträger ohne Befugnisse) wird in sehr vielen Unternehmen und von sehr vielen Führungskräften konsequent angewandt. Damit werden Leute systematisch demoralisiert und letztlich zynisch gemacht. Sie präsentieren sich aufgrund der Frustration, die sie erlitten haben, immer mehr als angepasste, willfährige Erfüllungsgehilfen, lehnen jedoch eine echte eigene Verantwortung über ihren Bereich ab, weil sie zu oft für ihre Eigeninitiative bestraft und die von ihnen selbst erbrachten Ergebnisse ignoriert wurden.

Unter der Überschrift: »Schlummernde Potenziale wecken« war im Juni 1999 in einer Management-Kolumne der *Süddeutschen Zeitung* zu lesen:

> *»Wir würden gern wesentlich mehr leisten, wenn wir unter Bedingungen arbeiten dürften, die unsere Fähigkeiten nicht geringschätzen oder unterdrücken.«* So klingt der Tenor der Antworten auf eine Meinungsumfrage unter 10000 Beschäftigten in Amerika.

Die vom Autor der Kolumne befragten deutschen Unternehmensberater waren überzeugt, dass diese Aussage genau so gut für Deutschland zutrifft.

Fasst man die gewonnenen Erkenntnisse zusammen, so kann man sagen, dass im Werdegang von vielen Kindern, Jugendlichen, Studenten, Arbeitnehmern und Karrierekandidaten häufig ein Erfahrungswert dominiert: *Willkür.*

Während Eltern, Schule und Studium den jungen Menschen zwar in der Theorie die Idee logischer Folgerichtigkeit, Fairness und Vernunft als allgegenwärtige Wertvorstellungen predigen, lernen die meisten von Kindesbeinen an in der Praxis genau die gegenteilige Lektion.

Nicht der mit der logisch richtigen, fairen oder vernünftigen Idee gewinnt, sondern der Mächtigere mit einer beliebigen Idee. Aus der Sicht eines Kindes erscheinen Erwachsene häufig grundlos überfürsorglich, nervös, autoritär, streitsüchtig, ängstlich oder hysterisch, Schüler erleben Lehrer als unfair, wenn sie Leistungen nach persönlichen Vorlieben und Abneigungen beurteilen, im Arbeitsleben werden Vorgesetzte häufig als unberechenbar, undurchschaubar oder unfähig wahrgenommen. Der Werdegang des Unternehmensbereichs oder des gesamten Unternehmens ist nicht einschätzbar, Entscheidungen »von oben«, die das eigene Schicksal maßgeblich beeinflussen, sind weder vorhersagbar noch nachvollziehbar.

Leute haben eine ganz vage Vorstellung, dass irgendwo wohl irgendjemand irgendetwas entscheidet, aber die wahren Kriterien oder die Gründe für solche Entscheidungen bleiben meist im Dunkeln. Leute haben sich angewöhnt, sich anzustrengen, um persönliche Ziele zu verfolgen oder auch nicht, aber im Großen und Ganzen das Leben zu nehmen, wie es eben kommt. Das Ganze erscheint eher wie eine undurchsichtige Wolke der Willkür von irgendwelchen unbeeinflussbaren Mächtigen, die alle Entscheidungen in einem vom Fußvolk gut abgeschirmten Elitezirkel unter sich ausmachen.

In einer groß angelegten Umfrage, die ich schon vor Jahren gelesen habe, was denn den Leuten im Leben wirklich wichtig sei, waren an oberster Stelle immer zu finden: Familie und Freunde.

Und damit sind wir wieder bei einer klaren Schlussfolgerung: Während Leute gelernt haben, die Faktoren im Unternehmen ihres Arbeitgebers als realtiv unstabil und uneinschätzbar anzusehen (Stichwort: Willkür), verkörpern Familienmitglieder und Freunde wesentlich mehr Stabilität, Kontinuität und Vorhersagbarkeit.

Freunde. Freunde sind immer Personen, niemals Unternehmen.

Das erklärt zum Beispiel, warum Werbeleiter, die bei einem neuen Arbeitgeber anfangen, erstmal die alte Agentur feuern, um dann die Agentur, mit der sie schon beim letzten Arbeitgeber gearbeitet hatten, zu installieren. Damit das nicht so auffällt, werden natürlich noch pro forma zwei andere zur Präsentation eingeladen, aber vorher sorgfältig mit falschen Daten gefüttert, so dass die Agentur mit den alten Spezis automatisch am besten dasteht.

Kurz: Nicht auf die Reitkunst kommt es an, sondern auf den Stallgeruch.

Das erklärt, warum Leute, die Aufträge akquirieren müssen, stundenlang mit den Vertretern potenzieller Auftraggeberfirmen auf Golfplätzen herumstehen, artig Konversation machen und aufpassen, dass sie schließlich knapp verlieren, warum Leute mit Auftraggebervertretern auf die Jagd gehen und dabei die Nacht bis zum Morgengrauen schnapstrinkend und frierend auf dem Hochsitz verbringen.

Ein gemeinsames Besäufnis bringt mehr als die stichhaltigsten Sachargumente. Man verkauft nicht, man gewinnt Freunde.

Ein Freund setzt sich schließlich für die Beauftragung ein, und die »überzeugenden Argumente«, die Logik, die Folgerichtigkeit und die Eignung des Anbieters werden nachträglich hingestrickt.

Unternehmen sind keine Freunde

Solange Unternehmen in der Phase der Akquisition grundsätzlich Nichtentscheider vorschicken, kann man nichts verkaufen. Man kann nur Freunde gewinnen. Man betreibt die Sache mit unendlicher Geduld, denn Ungeduld zerstört die Freundschaft.

Freunde sind Personen, und man gewinnt sie unabhängig vom Unternehmen und unabhängig davon, ob letztlich etwas verkauft wird oder nicht. Um Freunde zu gewinnen, muss man diesen Leuten vermitteln, dass sie als Mensch viel wichtiger sind als die Akquisition oder der Verkaufsabschluss.

Ein Wermutstropfen muss allerdings angefügt werden:

Das Ganze funktioniert für den professionellen Verkäufer nur einigermaßen, wenn die *Menge* der gewonnenen Freunde groß ist. Weil der Einzelne dem Verkäufer wohl gerne einen Gefallen tun würde, aber eben (siehe oben) aufgrund der internen Strukturen bei seinem Arbeitgeber unter Umständen einfach nicht kann, darf man sich beim »Freunde gewinnen« (neudeutsch »Netzwerken«) nie auf wenige Personen beschränken.

Der wohl wichtigste Aspekt beim »Freunde gewinnen« ist: Geduld haben und niemals zu ernst werden. Bringt nix, verdirbt nur die Stimmung.

Der Ansprechpartner kann eh' nichts kaufen, also ist es wirklich völlig unwichtig, worüber geredet wird oder wie lang die Sache sich ohne konkrete Aussicht auf ein Ergebnis hinzieht. Wenn einer partout nicht reden will, dann nimmt man halt einen anderen. Wenn die Leute erst mal gemerkt haben, dass es ungefährlich oder sogar lustig ist, mit jemandem zu reden, dann reden sie plötzlich wie ein Wasserfall. Leute sind einsam!

Der größte Irrtum bei der Akquisition in Konzernen

Aus der Konstellation, typisch für große Firmen und Konzerne, bei der – wie schon erwähnt – diejenigen, die letztlich kaufen, nicht mit dem Verkäufer sprechen wollen und die, die mit dem Verkäufer sprechen, nichts kaufen können, ist schon vor vielen Jahrzehnten eine

Idee erwachsen, die eine Menge Arbeit macht und viel Geld kostet, sich jedoch bei nüchterner Betrachtung als riesiger, als geradezu gigantischer Irrweg herausgestellt hat. Die Tatsache, dass dieser Irrweg von fast allen konsequent beschritten wird, macht ihn nicht weniger irre.

Der Gedanke, dass schön gestaltete Werbebroschüren, edel gedruckte Verkaufsunterlagen und bunte PowerPoint-Präsentationen das Miteinanderreden ersetzen, den Verkaufsprozess automatisch in Gang halten und auf irgendeine Weise den Verkaufsabschluss herbeizaubern werden, ist extrem verlockend und außerdem eine ganz ausgezeichnete Einnahmequelle für Werbeagenturen, Marketingberater, Texter, Grafikdesigner und Drucker, doch die Realität sieht leider völlig anders aus.

Deshalb werde ich in den nächsten beiden Kapiteln genau erklären, warum salbungsvolle Texte, Designschlachten und Präsentationsgeschwader den Fortschritt im Verkaufsprozess auf dem Weg zum Abschluss stark beeinträchtigen, etwa so wie exzessiver Alkoholgenuss die Funktion der Gleichgewichtsorgane.

Und anschließend erörtern wir, wie man es einrichtet, dass diese Instrumentarien schließlich dennoch nützlich werden und den Verkaufsabschluss tatsächlich nach vorne bringen.

Teil 2

Vom Unterliegen durch Unterlagen

Zwölftes Kapitel
Papier und PowerPoint: Zwei Betäubungsmittel im Verkaufsprozess

Papier und PowerPoint: Das sind zwei ganz gefährliche Schlafmittel, um nicht zu sagen, regelrechte Anästhetika für den Verkaufsprozess.

Was nicht heißt, dass man sie einfach weglassen kann. Die Übereinstimmung in der Geschäftswelt, dass man so eine bütten- und beamergestützte, hochglanzveredelte Farbbeutel-Artillerie unbedingt braucht, ist allgegenwärtig.

Für das vorliegende Kapitel werde ich die drei üblicherweise anzutreffenden Kategorien von Verkaufshilfen besprechen.

1. Verkaufsunterlagen,
2. Präsentationen und
3. Angebotsunterlagen.

Der Hauptgrund, warum diese drei Verkaufshilfen dem Verkauf gar nicht helfen, liegt in einer ganz schlichten Tatsache:

Verkäufer versprechen sich zu viel davon.

Der Verkäufer vertraut viel zu viel darauf. Er verlässt sich viel zu sehr auf die vermeintlich durchschlagende Wirkung dieser Designgeschosse aus dem Sülzomaten. Er glaubt, dass Broschüren, Präsentationen und Abgebotsunterlagen etwas ersetzen können, das im Verkaufsprozess so wichtig ist wie die Luft zum Atmen: Der fortgesetzte Dialog zwischen zwei Personen. Und da irrt der Verkäufer, und zwar gründlich. Und mit ihm irrt sich – wenngleich zum eigenen Vorteil – die gesamte Werbe-, Grafikdesign- und Druckerwelt.

Der Verkäufer, der auf die überzeugende Wirkung von Unterlagen und Präsentationen vertraut, handelt wie ein Lottospieler, der einen fünfstelligen Betrag gewonnen hat und nun versucht, mittels exzessivem Loskauf das ganz große Glück »zu erzwingen«. Was natürlich nie funktionieren kann.

Aber gehen wir die drei Kategorien einzeln an und sehen wir, welche Rolle diese Komponenten im Verkaufsprozess wirklich spielen.

Aufstand der Verkäufer. Stephan Gebhardt-Seele

ISBN 978-3-527-50598-2

Warum die meisten Verkaufsunterlagen den Verkaufsprozess behindern

Die meisten Unternehmen haben eine oder mehrere Informationsbroschüren. Ergänzend dazu gibt es häufig Faltblätter, Imagebroschüren oder irgendwelche Sonderhefte.

Diese Broschüren werden im Vorfeld zu einem Termin, möglicherweise auf Anfragen von Interessenten zugesandt, aber auch beim Termin übergeben. Wenn man eine Anzahl davon untersucht, kann man leicht Gemeinsamkeiten feststellen, die (Ausnahmen gibt es selbstverständlich immer) für die meisten solcher Broschüren zutreffen:

a) Die Broschüren sind sehr ästhetisch gestaltet.
b) Die Bilder sind fotografisch und drucktechnisch Spitze.
c) Der Satz (Design und Anordnung von Buchstaben, Worten und Texten) ist in die grafische Gestaltung mit eingebunden und sehr sorgfältig auf die gesamte visuelle Erscheinung abgestimmt.
d) Die Überschriften sind häufig Schlagworte, die jemanden schlagen sollen oder »Sprüche«, die irgendwie originell sein wollen, aber wenig oder keine Information transportieren.
e) Die Texte sind vom Sprachstil her salbungsvoll, pathetisch, offiziös, gespreizt und gestelzt.
f) Die Texte enthalten (in der Regel sehr allgemein gehaltene) selbstbeweihräuchernde Erörterungen über das Unternehmen, dessen Großartigkeit, Leistungsfähigkeit und Kundenorientiertheit.

Außer diesen sehr häufig anzutreffenden Eigenschaften gibt es einige weitere Merkmale, die, je nach Branche, gelegentlich oder häufig anzutreffen sind:

g) Bilder und grafische Elemente sind »gesoftet«, das bedeutet, sie sehen aus, als würde eine Milchglasscheibe darauf liegen.
h) Hinter den Texten liegen Hintergrundgrafiken oder Hintergrundfotos.
i) Fotografien sind nicht durch einen Abstand voneinander abgesetzt, sondern stoßen direkt aneinander.
j) Die Fotografien zeigen Dinge, deren Zusammehang mit dem Thema, um das es geht, sich nur mit viel Fantasie erraten lässt (so genannte Imagebilder).

k) Fotografien, auf denen Personen zu sehen sind, zeigen nicht etwa die Mitarbeiter des Unternehmens, sondern deutlich erkennbar gestylte Schauspieler und Models.

Und jetzt soll sich der Leser doch mal bitte ehrlich die Frage stellen, ob er oder sie schon jemals etwas aufgrund einer solchen Broschüre gekauft hat (es sei denn, es handelte sich um einen Versandhauskatalog) und ob jemand schon jemals einer solchen Broschüre mehr als flüchtige Aufmerksamkeit geschenkt oder sie gar wirklich aufmerksam gelesen hat.

Wieviele Broschüren werden überreicht, artig entgegengenommen und dann? Regal, Ordner, Schrank, Archiv, Papierkorb. Aber nie mehr als ganz oberflächlich angesehen oder erst recht nicht gelesen. Warum nicht? Hat sich der Absender solcher Broschüren nicht alle erdenkliche Mühe gegeben, diese Dinger maximal ansprechend, interessant, leicht verständlich und spannend zu gestalten? Nein, hat er nicht. Vielmehr sind die meisten Unternehmen bei der Entwicklung und Herstellung ihrer Broschüren auf die Verkaufstricks der Werbeagenturen hereingefallen, die in den siebziger Jahren entwickelt wurden und sich seitdem so verbreitet haben, dass heute auch die meisten werbetreibenden Unternehmen allen Ernstes glauben, das sei richtig so.

Lassen Sie mich die obigen Eigenschaften a) bis k) noch einmal rekapitulieren und kommentieren, vergleichend mit dem, was so eine Broschüre eigentlich soll, nämlich den Interessenten dazu bringen, dass er sie lesen will und liest, dass er sich informiert fühlt, dass er Lust bekommt, den Absender der Broschüre zu kontaktieren oder etwas zu kaufen. Dann kommt nämlich folgendes heraus:

a) Die Broschüren sind sehr ästhetisch gestaltet.
   Das muss an sich kein Nachteil sein, doch die Tatsache, dass die Broschüre gestalterische Brillianz quasi aus jeder Pore schwitzt, könnte den Empfänger dazu verleiten, die Broschüre eher bewundernd anzuschauen und sich Anregungen für die eigenen Broschüren zu holen.
b) Die Bilder sind fotografisch und drucktechnisch Spitze.
   Das ist sicher vernünftig und dem Standard der heutigen Möglichkeiten angemessen.
c) Der Satz (Design und Anordnung von Buchstaben, Worten und Texten) ist in die grafische Gestaltung mit eingebunden und sehr sorgfältig auf die gesamte visuelle Erscheinung abgestimmt.

Das zeigt, was die Grafiker drauf haben, könnte aber vom Lesen der Botschaft ablenken.

d) Die Überschriften sind häufig Schlagworte, die jemanden schlagen oder »Sprüche«, die irgendwie originell sein sollen, aber wenig oder keine Information transportieren.
Da solche Überschriften nichts, nichts Verständliches oder die schlichte Botschaft transportieren »Ich bin Reklame, find' mich toll!«, werden sie vom Leser nicht wirklich als Information wahrgenommen und ignoriert.

e) Die Texte sind vom Sprachstil her salbungsvoll, pathetisch, offiziös, gespreizt und gestelzt.
... was es sehr anstrengend macht, das Zeug wirklich zu lesen. Ein spannender Roman klingt anders. Also bricht der Leser das Lesen, falls er überhaupt damit anfängt, schon bald wieder ab.

f) Die Texte enthalten (in der Regel sehr allgemein gehaltene) selbstbeweihräuchernde Erörterungen über das Unternehmen, dessen Großartigkeit, Leistungsfähigkeit und Kundenorientiertheit.
... der Anteil an spezifischer, wirklich brauchbarer Information bewegt sich jedoch im homöopathischen Bereich. Ein Leser, der hier nach spezifischen Informationen sucht, wird das Lesen schon bald abbrechen.

g) Bilder und grafische Elemente sind »gesoftet«, das bedeutet, sie sehen aus, als würde eine Milchglasscheibe darauf liegen.
Das macht es schwierig oder sogar unmöglich, zu erkennen, was die Bilder zeigen.

h) Hinter den Texten liegen Hintergrundgrafiken oder Hintergrundfotos.
... so dass sowohl der Text schwer zu lesen als auch das, was das Hintergrundbild zeigen soll, schwierig oder gar nicht zu erkennen ist.

i) Fotografien sind nicht durch einen Abstand voneinander abgesetzt, sondern stoßen direkt aneinander.
Das sieht modern aus, erschwert es aber für den Leser, den Inhalt der Fotos schnell zu erkennen.

j) Die Fotografien zeigen Dinge, deren Zusammehang mit dem Thema, um das es geht, sich nur mit viel Fantasie erraten lässt (so genannte Imagebilder).
Der Leser bewundert die tollen Fotos, rätselt kurz, was das soll, erfährt nichts und merkt sich nichts.

k) Fotografien, auf denen Personen zu sehen sind, zeigen nicht etwa die Mitarbeiter des Unternehmens, sondern deutlich erkennbar gestylte Schauspieler und Models.
Der Leser beachtet diese Bilder nicht weiter, denn sie transportieren keine spezifische Information über das Unternehmen oder das Angebot.

Interessanterweise enthalten solche Broschüren also eine ganze Menge Elemente, die sehr gut dazu geeignet sind, jemanden vom *Lesen* der Broschüre abzuhalten.

Werbeagenturen, die solche Broschüren entwerfen, interessieren sich anscheinend nur für eine einzige Zielgruppe: Designpreis-Juroren.

Die Verkaufstricks der Werbebranche, die eine Broschüre für den Verkaufsprozess unbrauchbar machen

Ende der siebziger Jahre begann die große Blütezeit der Werbeagenturen. Es hatte sich herumgesprochen, dass man in dieser Branche nicht nur unheimlich hipp war und in stylischen Büros sowie auf angesagten Partys seiner Arbeit nachging, sondern auch ordentlich Geld damit verdienen konnte. Die Berufsbilder Werbekreativer, Grafikdesigner und Fotograf waren bei der damals nachwachsenden Generation zur trendigen Idealvorstellung geworden, so wie heute Model, Moderator oder Online-Journalist. Neue Werbeagenturen schossen wie die Pilze aus dem Boden.

Je mehr nun die immer turbulenter werdende Werbewelt die restliche Wirtschaft damit beharkte, wie ungeheuer wichtig für jedes Unternehmen (und sei es nur ein kleiner Handwerksbetrieb) die so genannte »Corporate Identity« sei, umso mehr wandte man sich ab von der einfachen Übermittlung von Informationen. Alles wurde plötzlich »visualisiert«. Man brauchte ein »Corporate Design«. Ein grafisch gestaltetes Logo musste her. Einheitliche Firmenfarben wurden definiert. Bei so einem Job konnte eine Werbeagentur, wenn sie es geschickt anstellte, für fünf blaue Striche (Deutsche Bank) fünfstellige Honorare fakturieren. Statt Texten, die irgendjemanden über irgendetwas informiert hätten, verwendete man »Key Visuals«, und jedes Unternehmen brauchte selbstverständlich einen »Slogan« und, falls sich die Informationsübermittlung mittels altmodischer Schriftsätze nicht vermeiden ließ, wenigstens ein »Corporate Wording«.

Das allein wäre (abgesehen von den Kosten) nicht weiter schlimm gewesen, denn warum soll etwas, das grau und langweilig war, nicht bunt und interessant aufgemacht werden? Doch gab es eine völlig unbemerkt eintretende, dafür umso schlimmere Nebenwirkung:

Relevante Informationen gerieten mangels tieferem Verständnis der Werbeagenturen immer mehr in den Hintergrund und wurden durch reines Styling ersetzt. Das Logo, die Farben, die Formensprache, das »wording« (neudeutsch-gehoben für: »Sprüche«) hatten die »Message« rüberzubringen. Gerade so als wären wir alle plötzlich zu Analphabeten geworden, bemühte man Symbolik in der Art von Hieroglyphen, ohne deren Definition je zu erklären. Oder wussten Sie beispielsweise, dass das blaue Quadrat der Deutschen Bank »Sicherheit« symbolisieren soll, die Farbe Blau, in der es ist, »Seriösität« und der schräge Strich eine positive Wachstumsentwicklung?

Jetzt, nachdem ich es gerade verraten habe, erscheint es möglicherweise nachvollziehbar, aber ohne jede Vorinformation? Hätte doch auch »Harmonie zwischen Symmetrie und Asymmetrie« bedeuten können oder vielleicht: »Keine leeren Versprechungen.«

Erinnern Sie sich noch? Die bahnbrechenden Umwälzungen auf dem Arbeitslosenmarkt, mit der Schröders Agenda 2010 und die Hartz-Gesetze die Gesellschaft dereinst in ein neues Zeitalter führen sollten, wurden symbolisch inauguriert durch (Trommelwirbel): die Änderung des Namens von »Bundesanstalt für Arbeit« in »Bundesagentur für Arbeit«, visualisiert mit einer Umgestaltung des Logos mit dem stilisierten »A«. Für ein Honorar von rund 30 000 Euro aus

Steuergeldern (geradezu ein Schnäppchen im Vergleich zum milliardenschweren Gesamtetat des Ladens) wurde aus rotem A auf weißem Grund ein weißes A auf rotem Grund.

Bundesanstalt für Arbeit

Bundesagentur für Arbeit

Eine beeindruckende Leistung.

Und gerade so, als wäre jegliche Zielgruppe ausschließlich aus Juroren für eine Werbepreisverleihung zusammengesetzt, künstlerte die Werbewelt weiter vor sich hin … Agenturen hatten sich längst darauf eingeschossen, hauptsächlich sich selbst und ihrer eigenen Branche zu gefallen, während sie sich um die Zielgruppe ihrer eigentlichen Auftraggeber immer weniger kümmerten.

Die Auftraggeber von Werbeagenturen fielen zunehmend auf diese Styling-Masche herein. Firmenchefs und Manager saßen stundenlang in Meetings, um über die tiefere Symbolkraft von Kreisen und Rechtecken oder die Bedeutung von Hell- und Dunkelgrün zu diskutieren und verlangten nun gestylte und aufwendig gestaltete Broschüren, die wunderschön aussahen und deren Sprüche (Texte) salbungsvoll und staatstragend klangen, deren Inhalt jedoch wirklich keinen mehr interessierte, weil inhaltlich interessante und relevante Information darin kaum noch zu finden waren.

Und so ist es bis heute. Broschüren sind einfach nur großartig. Sie versuchen, den Empfänger mit einer Art »kreativem Blitzschlag« vom Hocker zu reißen, ohne eine Chance, eine tatsächlich informative Mitteilung zu transportieren.

Die Wirkung solcher Suggestiveffekte hat jedoch im Laufe der Jahre stark nachgelassen, einfach deshalb, weil schon bald *alle* Unternehmen mit solchen Druckerzeugnissen um sich warfen, so dass die Präsentation designpreisverdächtiger Zirkusnummern nichts Besonderes mehr war.

Während derartige Broschüren also nicht nur teures Geld kosten, das sinnvoller eingesetzt werden könnte, weil den Inhalt ohnehin niemand liest, lenken sie den Verkäufer auch noch von seiner Aufgabe ab, weil sie ihm suggerieren, dass die Broschüren eine Auswirkung auf den Verkaufsprozess haben. Und das ist – bei der Informationsarmut der heute mehrheitlich üblichen Broschüren – definitiv nicht der Fall.

Auf diese Weise geraten solche Broschüren eher zu einer Bürde denn zu einer Erleichterung im Verkaufsprozess.

Wie Präsentationen den Verkaufsabschluss erschweren

Man könnte meinen, eine Präsentation sei eine Art Seminar oder Unterrichtsstunde, aber das stimmt nicht. Denn die Zielpersonen, für die Präsentationen abgehalten werden, sind keine Studenten oder Schüler und werden anschließend nicht über die vermittelten Inhalte abgefragt. Somit bekommen die Zielpersonen auch keine Beurteilung, allenfalls kriegt der Verkäufer eine – und selbst die ist irrelevant, denn es geht nicht darum, wie eine Präsentation »gefallen« oder überzeugt hat. Es geht darum, inwieweit der Interessent danach einen Verkaufsabschluss in Erwägung zieht. Eine Präsentation ist auch keine künstlerische Vorführung, denn die Zielpersonen sitzen nicht da, um sich zu amüsieren, und haben vorher keinen Eintritt bezahlt.

Eine Präsentation, insbesondere eine Verkaufspräsentation, ist vielmehr einer Predigt am ähnlichsten – wenngleich eine mit zeitgemäßem Medieneinsatz. Der Pfarrer beruft sich auf die Bibel, greift ein Thema heraus und erläutert, beschreibt, doziert, interpretiert, schlussfolgert. Das Publikum ist zwar freiwillig gekommen, hat aber keinen Eintritt bezahlt. Man hört sich das alles artig an und überlegt, ob man daraus nun was fürs eigene Schicksal lernen sollte oder ob man sich einfach nur freut, dass die Predigt vorbei ist. Und anschließend geht jemand mit einem Klingelbeutel herum.

In Präsentationen werden »Charts« gezeigt. Die macht man heute mit PowerPoint. Der Name dieses allgegenwärtigen Indoktrinationsformats suggeriert »Kraft« (power) und »zeigen« (to point) oder »auf den Punkt gebrachtes« (the point).

Und genau damit geben sich nun die Leute, die eine solche PowerPoint-Präsentation vorbereiten müssen, alle erdenkliche Mühe. Wie sie das Füllhorn ihres uneinholbaren Wissensvorsprungs kraftvoll herzeigen und auf den Punkt bringen können.

Typischerweise enthalten solche Präsentationen schlagwortartig formulierte Stichpunkte, Auflistungen, Diagramme, Ablaufschemata oder auch logisch aufeinander abfolgende Argumente und Argumentationsketten. Oft sind sie farblich ansprechend, schön einheitlich und durchgängig gestaltet, manche überraschen sogar mit visuellen Animationseffekten. Für einen Vortragenden sind sie eine willkommene Merkhilfe, für die Interessenten sollen sie die präsentierten Inhalte – als zeitgemäße Variante der alten Schultafel – sichtbar machen. Früher wurden solche Präsentationen mit einem Aufsteller vorgeführt, bei dem der Vortragende die in Klarsichtfolie gepackten Charts eine nach der anderen zeigte und dann nach hinten wendete. Heute kommt fast immer eine Projektion mit Beamer oder auf einem Flachbildschirm zum Einsatz.

Die Präsentation ist für viele Unternehmen, die erklärungsbedürftige Produkte oder Dienstleistungen verkaufen wollen, ein wichtiges Element ihrer Überzeugungsarbeit gegenüber Interessenten. Und viele Interessenten, die sich für ein bestimmtes Angebot interessieren, erwarten eine Präsentation. Es gibt also eine breite Übereinstimmung über diese Art des Verkaufens.

Und doch behaupte ich, dass diese Art der Vorführung den Verkäufer beim Voranbringen des eigentlichen Verkaufsprozesses extrem behindert. Warum?

Lassen Sie mich dazu an drei Aspekte des Verkaufens erinnern, die ich bereits erörtert habe.

1. Im Kapitel 10 (Checker, Selbstdarsteller und Verkaufen mit Münchens Oberbürgermeister) haben ich dargelegt: Verkaufen tut der Verkäufer, nicht die Sache. Ich zitiere:

> Unter Wahlkampfberatern gilt schon lange als gesicherte Tatsache: Der Gesamteindruck des Kandidaten, die Körpersprache und die Art der Ausdrucksweise und der Artikulation bestimmen das Urteil der Zuschauer, nicht der Inhalt des Gesagten.

Erfahrene Verkäufer werden mir zustimmen: Es ist vorrangig die Person des Verkäufers, die verkauft und von der der Interessent kauft.

Das Hauptproblem jeder Präsentation und dieser verflixten Charts ist, dass die bunten Bildchen, die Animationseffekte und die knackigen Statements die Aufmerksamkeit der Interessenten permanent vom Verkäufer ablenken.

Darüber hinaus wird beim Einsatz von Beamern die weiße Wand hinter dem Verkäufer hell erleuchtet, wodurch der Verkäufer eher im Schatten steht. Beamer produzieren außerdem mit ihren Lüftern ein permanentes Surren, das bei moderneren Geräten zwar schon leiser ist, aber immer noch als unangenehme Dauergeräuschkulisse stören und die Konzentration der Anwesenden herabmindern kann.

Der Verkäufer hat beim Vorführen einer Präsentation ebenfalls seine Aufmerksamkeit auf der Präsentation und ist somit eher geneigt, Inhalte zu erläutern, als seine Person in Stellung zu bringen. Unter Umständen wurde viel Arbeit in die Erstellung einer solchen Präsentation investiert, was den Verkäufer umso mehr verführt, seine Person zurückzunehmen und ihn statt dessen dazu treibt, seine tolle Präsentation zu zeigen, also die Aufmerksamkeit der Interessenten von sich weg auf die Präsentation zu lenken.

2. Die Ersteller einer Präsentation streben (verständlicherweise) danach, diese mit allen nur denkbaren wichtigen Punkten und Argumenten vollzustopfen, wodurch die Vorführung der Präsentation selbst immer viel länger gerät, als es die meisten Leute im Publikum leicht vertragen könnten. Was dazu führt, dass den Interessenten die Konzentrationsfähigkeit schneller abhanden kommt, als der Verkäufer mit seiner Präsentation benötigt, um seine Angelegenheit schlüssig und vollständig vorzutragen. Auf diese Weise bleiben Unschärfen und Missverständnisse in den Köpfen der Interessenten hängen, die erst später ihre Wirkung entfalten – wenn sich die Interessenten in Abwesenheit des Verkäufers über die Angelegenheit beraten.

Der Verkäufer führt demnach mit seiner Präsentation in aller Regel eine Situation herbei, die ganz genau derjenigen entspricht, die ich bereits im Kapitel 4 (Tödliche Infusion im Verkaufsprozess: Wie Interessenten systematisch ihr Interesse einschläfern) beschrieben habe: Eine Präsentation zwingt den Verkäufer in die Rolle desjenigen, der ausführlich Fragen beantwortet, die der Interessent gar nicht gestellt hat und langatmig Themen erörtert, die den Interessenten möglicherweise gar nicht interessieren. Das bedeutet: Der Interessent legt sich die giftige Infusion, indem er nach einer Präsentation verlangt, und der Verkäufer startet sie und füllt immer wieder nach.

Damit wird eine Präsentation zum heimtückischen Schlafmittel, das das Interesse des Interessenten lähmen oder sogar ganz absterben lässt. Interessanterweise gilt das sogar dann, wenn die Interessenten die Präsentation »sehr interessant« finden. Denn, wie ich schon früher (Kapitel 3, Abschnitt »Fragesteller wollen keine Antworten«) ausgeführt habe (Zitat):

> Der Interessent tut so, als würde er den Verkäufer als Fachmann fragen. Aber wenn der Verkäufer den Fehler macht, als Fachmann zu antworten, ist die Tür weit geöffnet für Einwände des Interessenten oder Gründe, das Angebot abzulehnen.

Interesse an der Sache und Interesse am Kaufen sind immer noch zwei Paar Stiefel.

3. Dies ist schließlich der entscheidende Grund, warum eine Präsentation den Verkaufsprozess eher behindert als fördert. Eine Präsentation ist vorgefertigt und dauert üblicherweise länger, als die meisten Interessenten leicht folgen können. Die Aufmerksamkeit des Interessenten wie auch die des Verkäufers ist auf die Präsentation selbst gerichtet. Und daher wird der Verkäufer es in aller Regel versäumen, nach jedem Statement, das eine Erklärung, eine Erläuterung oder eine Argumentation vermittelt, eine Frage zu stellen, den Mund zu halten und eine Antwort seitens der Interessenten zu erhalten.

Und das ist wirklich tödlich. Nur mit Fragen kann der Interessent die Kontrolle über den Verkaufsprozess behalten und auf kontinuierliche Weise den »State of Mind« des Interessenten überprüfen.

Die anästhetesierende Wirkung einer Präsentation für den Verkaufsprozess besteht demnach in der Hauptsache darin, dass sie den Verkäufer vom Fragestellen abhält und so einen verkaufsfördernden Dialog zwischen Verkäufer und Interessent verhindert.

Warum in den meisten Angeboten deren Ablehnung schon vorprogrammiert ist

Schon wieder so eine freche, ketzerische Behauptung von mir? Ich gebe Ihnen im Folgenden drei Gründe, warum viele Angebote so gestrickt sind, dass sie eine Ablehnung geradezu herausfordern.

Erster Grund:

Dies trifft vor allem für Angebote über Produkte oder Dienstleistungen zu, die komplex sind und eine tiefgehende Auseinandersetzung mit der Situation des Auftraggebers erfordern. Also nicht so sehr bei Angeboten von leicht verständlichen Produkten in der Art von »Menge X vom Produkt Y, EU-Norm Z«, sondern eher komplexe Themen wie IT- oder Telekommunikationslösungen, Unternehmensberatung, Projekte in Werbung, Marketing, Events, Messen, aber auch komplexe Bauvorhaben, Dienstleistungen, individuelle, maßgeschneiderte Lösungen für irgendetwas.

Solche Angebote sind häufig so aufgebaut:

1. Beschreibung der Ausgangssituation,
2. detaillierte und ausführliche technische Beschreibung der Lösung,
3. Preise.

Schon im ersten Punkt »Beschreibung der Ausgangssituation« steckt ein gefährlicher Hinterhalt.

Der Verkäufer versucht, dem Interessenten als Erstes seine eigene Ausgangssituation in möglichst »fachmännisch-gewichtigem« Stil zu beschreiben. Er tut dies in einer Anstrengung, dem Interessenten zu demonstrieren, wie gut er sein vorgebliches Anliegen verstanden hat. Damit verhält sich der Verkäufer wie ein Student, der von seinem Professor eine gute Note erhalten will.

Aber, man beachte! Das Angebot ist an den Interessenten gerichtet, nicht an eine irgendwie geartete übergeordnete Autorität oder Jury, die Noten fürs Verstehen vergibt. Der Verkäufer wendet sich an den Interessenten und spricht gleichzeitig *über* ihn. Das ist eine Bewertung.

Dazu ein kleiner Exkurs aus meinen langjährigen Erfahrungen als Texter von Werbebriefen, genauer nachzulesen in meinem Buch *Immer gute Auftragslage!* (Gabler):

Regel 1: Bewerte nicht den Empfänger!

Eine Bewertung des Empfängers ist alles, was ihm sagt, was oder wie er ist, was oder wie er sein sollte, was er getan hat, was er tut, was er tun sollte, was er denkt oder denken sollte, was er weiß oder wissen sollte.

Beispiel: »*Ich möchte auf einen Brief, den ich erhalten habe, Bezug nehmen.*« Falsch, weil Bewertung: »*Sie haben uns am 14.2.2002 eine Mitteilung geschickt.*« So autoritär schreibt nur die Polizei oder das Finanzamt. Richtig: »*Ihre Mitteilung vom 14.2.2002 haben wir dankend erhalten.*«

Beispiel: »*Ich bin überzeugt, dass Ihnen unser Vorschlag gefallen wird.*« Falsch, weil Bewertung. Entweder der Vorschlag gefällt dem Empfänger, dann brauche ich es ihm nicht extra zu sagen, weil er selber darauf kommt. Oder der Vorschlag gefällt ihm nicht, dann hilft es auch nicht, wenn ich »sicher bin«, dass ihm der Vorschlag gefallen wird. So etwas wird als dümmliche Werbe-Anmache empfunden. Richtig: »*Bitte lassen Sie mich wissen, wie Sie über meinen Vorschlag denken.*«

Beispiel: »*Als Geschäftsführer ist Ihnen sicherlich bekannt ...*« Falsch, weil Bewertung. Entweder es ist ihm bekannt, dann brauche ich als Absender es ihm nicht zu schulmeistern. Oder es ist ihm nicht bekannt, dann riskiere ich einen Protest aufgrund meines belehrenden Geschwätz‹.

Alles in der Art von »Sie haben ...«, »Sie sind ...«, »Sie wissen sicherlich ...«, »Sie sollten ...« ist eine Bewertung und wird vom Empfänger innerlich spontan zurückgewiesen. Es wirkt fast immer sehr unhöflich und anmaßend, in schriftlicher Kommunikation *über* den Empfänger zu sprechen.

Warum, um alles in der Welt, soll ein Angebot gleich als ersten Akt eine Art Rundumschlag von Bewertungen enthalten, in der ein außenstehender Verkäufer den Interessenten darüber belehrt, was mit ihm los ist? Das weiß er doch selber! Und selbst wenn nicht: Der Interessent wird sich für diesen Einstieg nicht besonders interessieren, viel größer ist die Chance, dass er protestiert oder sogar wirklich einen »Fehler« findet, mit dem er inhaltlich nicht übereinstimmt.

Doch sogar dann, wenn der Verkäufer die Situation des Interessenten wirklich richtig verstanden, brilliant analysiert und eloquent dargestellt hat, riskiert er Protest. Einfach wegen der Bewertung. Ganz egal, was es ist: Leute tendieren dazu, zu protestieren, wenn man ihnen etwas *über* sie erzählt.

Zweiter Grund:

Selbst wenn der Verkäufer in bester Absicht handelt, läuft er in diese Falle. Wenn ich (der Entscheider) zum Beispiel den IT-Administrator unserer PR-Agentur (ein Lieferant, den wir seit vielen Jahren regelmäßig beauftragen) um ein Angebot für mein neues Notebook bitte, dann schickt er mir ein Kryptogramm, auf dem etwa so etwas steht:

Notebook: **Intel Core 2 Duo SU7300 (3 MB L2 Cache, 2x 1.30 GHz, 800 MHz FSB) / 4096 MB Ram / 160 GB SSD / ATI HD 4330 512MB DDR3 dediziert / Super Multi DVD Brenner / 35,56 cm (14,0«) WXGA LED Backlight Display / Bluetooth / Webcam / integriertes Mikrofon / 5-in-1 Card-Reader / WLan a/b/g/n / Windows 7 Home Premium 64 Bit**

Und ich? Denke: Aha. Und dann rufe ich den Mann an, bedanke mich für das Angebot und frage ihn: Was bedeuten diese ganzen Zahlen und Buchstaben? Was kann das Ding? Und warum brauche ich das alles? Dann erklärt er es mir (Notebook für Dummies) und nachdem ich einen Teil davon verstanden habe, kaufe ich ihm das Teil ab.

Aber: Der Mann ist mein langjähriger Lieferant. Absolut vertrauenswürdig. Praktisch ein Freund der Firma. Wenn mir jemand so eine rätselhafte Inschrift als erstes Angebot schicken würde, und ich den noch nicht genau kenne, dann würde ich gar nicht darauf antworten. Ich kann doch nicht von jemandem, den ich kaum kenne, etwas kaufen, das ich nicht verstehe.

Auch der Abschnitt »Detaillierte und ausführliche technische Beschreibung der Lösung« wird von vielen Verkäufern häufig so dargestellt, als wollten sie von einem Professor im eigenen Fach eine gute Note erhalten. Diese Elaborate enthalten demnach viele Details, die aus der Sicht eines Experten sicher von Bedeutung sein mögen, die jedoch vom Interessenten nicht leicht oder überhaupt nicht nachvollzogen werden können. Häufig bedient sich der Verkäufer in seinem Angebot einer Sprache mit Spezialausdrücken, die man wohl unter Experten in der Branche des Verkäufers verwendet, die jedoch dem Interessenten als gänzlich unverständliches Fachchinesisch erscheinen. Insbesondere der eigentliche Entscheider (ein Kaufmann, der letztlich die Rechnung bezahlen soll) kann sich unter solchem Kauderwelsch in aller Regel überhaupt nichts vorstellen.

Viele Interessenten sind dann ihrerseits zu feige, die eigene Unwissenheit zu offenbaren und zur genauen Bedeutung dieser ganzen Hieroglyphen Rückfragen zu stellen. Also lehnen sie das Angebot ab, indem sie gar nicht darüber entscheiden. Interessenten werden nichts kaufen, was sie nicht verstehen, vorallem, wenn ihnen ihr eigenes Nicht-Verstehen im Angebot auf die Nase gebunden wird (es sei denn, der Interessent ist eine Landesbank).

Dritter Grund:

Hier haben wir nun den schlimmsten Grund, die wackeligste Sollbruchstelle, *den* entscheidenden Knackpunkt im Angebot. Warum werden die meisten Angebote abgelehnt? Antwort: »Zu teuer«. Der Preis – so scheint es jedenfalls – ist der Knackpunkt. »Knack« macht es und weg ist das Angebot – im Papierkorb.

Doch was habe ich im Kapitel 8 (Schock für den Verkaufsprozess) und 9 (Dramaturgische Methodik als Preisschockpuffer) ausgeführt: Nicht der Preis, sondern die holperige Dramaturgie ist schuld! Der Interessent wurde zwar mit (möglicherweise beträchtlichem) Zeit- und Materialaufwand und Samthandschuhen auf die Leistung vorbereitet, aber nicht auf den Preis. Nicht wenige Verkäufer sparen die Preisdiskussion ganz aus und schicken dann einfach ein schriftliches Angebot, indem der Preis ganz verschämt irgendwo auftaucht. Der Interessent erfährt in solchen Fällen beim Untersuchen des schriftlichen Angebots zum allerersten Mal etwas über die tatsächlichen Preise!

Auch solche Verkaufsgespräche fallen darunter, in denen lang und breit über die Leistung diskutiert, aber der Preis nur kurz am Ende benannt wurde, worauf der Interessent Haltung bewahrt, innerlich wegknickt und sagt: »Können Sie mir da nun ein schriftliches Angebot schicken?« (Übersetzung: sollte nach der Lektüre der vorangegangenen Kapitel klar sein).

So etwas kann nicht gutgehen. Weil diese Vorgehensweise jedoch recht verbreitet ist und das sowohl alle Anbieter machen wie auch der Interessent nichts anderes erwartet, muss der Verkäufer sich nicht wundern, wenn beim Interessenten anscheinend nur »der Preis« entscheidet.

Der dritte Grund, warum in den meisten Angeboten die Ablehnung schon vorprogrammiert ist, ist demnach genau derselbe, warum das mit dem Passanten, dem Schaufenster, dem Kleidungsstück und dem Preisschildchen aus Kapitel 9 (Dramaturgische Methodik als Preisschockpuffer) nicht funktioniert. Der Interessent wird unvorbereitet vom Preis überrascht, macht innerlich einen Satz rückwärts und beschließt: »Ist mir zu teuer.« Und weg ist er.

Verkaufshilfen, die nicht helfen

Papier und PowerPoint: So, wie sie üblicherweise eingesetzt werden, sind sie dem Verkäufer also keine große Hilfe auf dem Weg zum Verkaufsabschluss.

Was jedoch auch klar ist: Interessenten sind oft fixiert darauf, Unterlagen zu erhalten, sie erwarten, eine Art »Präsentation« vorgeführt zu bekommen und brauchen (selbstverständlich) irgendwann ein schriftliches Angebot. Also was tun? Wie kann man diese vermeintlichen Pflichtmedien nun so hinstricken, dass sie dem Verkäufer wirklich helfen, in Sachen Verkaufsabschluss voranzukommen?

Genau dafür gibt es einen fantastischen Kunstkniff. Es handelt sich bei der folgenden Abhilfe um einen dramaturgischen Trick, der so wunderbar funktioniert, dass es beinahe wie Zauberei aussieht.

Dreizehntes Kapitel
Abhilfe Nr. 6: Das Prinzip ›Bratenduft‹

Die Antwort darauf, wie man das Interesse der Interessenten am Leben erhält, obwohl der Interessent permanent daran arbeitet, es abzutöten, indem er Unterlagen verlangt (die er nicht vorhat, wirklich durchzulesen), eine Präsentation wünscht (über Details, die mit hoher Wahrscheinlichkeit seine Geduld überfordern) und ein schriftliches Angebot (von dem ihn eigentlich nur der Preis interessiert) – die Antwort auf diese Frage liegt im »Prinzip Bratenduft«.

Obgleich das »Prinzip Bratenduft« zu den ganz, ganz großen Geheimnissen dieses Universums gehört, deren Offenbarung eigentlich nur für die weisesten aller Weisen reserviert ist, lässt es sich mit einem einzigen Satz erklären:

Bratenduft ist nicht der Braten.

Welch bahnbrechende Erkenntnis! Aber warum? Was bedeutet das für den Verkäufer? Die folgende Beobachtung konnte wieder und wieder, in unzähligen Fällen der Geschichte und in Tausenden von Erfahrungsberichten gemacht werden:

Angesichts einer Lösung, von der behauptet wird, sie sei fertig, perfekt, und wirklich eine *vollständige Lösung* – nimmt der Mensch reflexartig eine sehr skeptische, kritisch-distanzierte Haltung ein.

Zu oft schon ist sein naives Vertrauen enttäuscht und betrogen worden.

»Soso. Sie behaupten also, das, was Sie da haben, sei *die* perfekte Lösung für *mein* Problem«, sagt der Interessent. »Halte ich für sehr unwahrscheinlich, dass das bei uns funktioniert. Da muss es irgendeinen Haken geben. Wo ist da der Haken???«

Und, ob Sie es glauben oder nicht: Je mehr der Verkäufer darauf besteht, dass es keinen Haken gibt und seine Lösung für den Interessenten wirklich perfekt ist, umso sicherer wird der Interessent, dass da *auf jeden Fall* ein Haken existiert. Er muss ihn nur finden. Und

Aufstand der Verkäufer. Stephan Gebhardt-Seele

ISBN 978-3-527-50598-2

schließlich wird er etwas finden. Irgendein Fussel, der zumindest ihm, dem Interessenten, als Haken genügt und ihm somit als ausreichender Grund erscheint, um das Angebot ablehnen zu können.

Der brave und tapfere Missionar bringt den hungrigen Kanibalen ein wunderbares Schnitzel, doch die schütteln nur mit dem Kopf und sagen: »Das ist ein Schwein. Funktioniert bei uns nicht. Kommt nicht in Frage.« Und eh' er sich versieht, landet der Missonar im ... na ja, Sie wissen schon – im Kochtopf.

Die vollständige Lösung für den Hunger, das ist der Braten.

Interessanterweise wurde eine weitere Beobachtung wieder und wieder gemacht, in unzähligen Fällen der Geschichte und in Tausenden von Erfahrungsberichten:

Die selbe Spezies Mensch, Homo Sapiens, die angesichts einer fertigen Lösung reflexartig auf kritische Distanz geht und anfängt, den Haken zu suchen, vergisst plötzlich jegliche Bedenken und reagiert mit brennendem Verlangen, wenn ihm nicht die Lösung, sondern etwas anderes angeboten wird: *Die Hoffnung auf eine Lösung.*

Diese Beobachtung allein erhellt mit einem Schlag, warum Leute den dreißigfachen Preis für ein Parfüm zahlen, wenn der Name eines weiblichen Tennisstars draufsteht, und den hunderttausenfachen Preis des Materialwerts für ein modernes Kunstwerk, das aus einer Zimmerecke mit gespachtelter Margarine besteht. Sie erklärt, warum Leute für das »richtige« Label einen Preisaufschlag akzeptieren, der höher ist als der gesamte Wert der Ware ohne das Schild. Warum Leute bedenkenlos Lotto spielen oder in die Spielbank gehen, um etwas mehr Geld loszuwerden, oder sich mit vielen anderen Tausend Anwärtern in eine lange Schlange stellen, um sich als Belohnung für die Ausdauer von Dieter Bohlen beschimpfen zu lassen. Sie alle werden befeuert von ihrer Hoffnung auf die Lösung.

Nun behaupte ich selbstverständlich nicht, dass der Leser dieses Buches irgendetwas anderes als ausgezeichnete Ware und gute Dienste zu einem angemessenen Preis anbietet. Doch das »Prinzip Bratenduft« kann der ehrbare Kaufmann wie auch der ehrliche Verkäufer jederzeit und ohne Gewissensbisse zum Einsatz bringen. Denn der gemeinsame Nenner ist:

Wird eine vollständige Lösung angeboten, tendieren viele Menschen dazu, das Angebot zurückzuweisen, weil sie den Fehler entweder noch suchen oder meinen, ihn schon gefunden zu haben. Angesichts einer *Hoffnung auf eine Lösung* sind Menschen viel mehr geneigt, sich die Lösung herbei zu wünschen, statt nach dem Haken zu suchen.

Und wenn der Braten die Lösung ist, dann ist die Hoffnung auf eine Lösung: der Bratenduft. Mhmmmm!

Der kluge und gewiefte Verkäufer bringt also den hungrigen Kanibalen eine verschlossene Kiste mit ein paar Löchern und sagt: »Das ist der Duft der Kraft. Er stammt von einem Wundermittel, das die vom Nachbarstamm essen – und ihr wisst doch, dass die bis heute jeden Gegner plattgemacht haben. Riecht mal ...« Und die hungrigen Kanibalen geraten in totale Verzückung und sagen: »Fantastisch! Kannst Du uns von diesem Wundermittel besorgen? Wir werden Dich nicht essen, sondern dich reich entlohnen.« Und wenn er nicht gestorben ist, unser kluger Verkäufer ... na ja, dann verkauft er noch heute Schweineschnitzel zum zehnfachen Marktpreis an diese Leute.

Die Hoffnung auf eine Lösung ist nicht die Lösung. Und Bratenduft ist nicht der Braten.

Und jetzt wollen wir mal sehen, wie wir den Bratenduft in diese verdammten Broschüren, Präsentationen und Angebotsunterlagen hineinbekommen.

Zur Verdeutlichung, wie das geht, möchte ich im folgenden Kapitel ein Thema erörtern, welches in der verzückt um sich selbst kreisenden Werbewelt schon seit vielen Jahrzehnten gehörig für Verwirrung sorgt.

Vierzehntes Kapitel
Der Knopf im Kopf: Ein Verliebter betrachtet die Blume mit anderen Augen als ein Kamel

Die erste Frage, die sich in der heutigen Zeit jeder stellen muss, der von einem anderem etwas will, ist: Wie erhalte ich die Aufmerksamkeit meiner Zielperson?

Und die zweite Frage: Was muss der Verkäufer tun, damit eine zum Interessenten gewordene Zielperson bereit ist, vom Verkäufer eine Orientierungshilfe zu akzeptieren?

Die Antwort: Der Verkäufer muss auf die richtigen Knöpfe drücken.

Der Einsatz von »Buttons« (Button: engl. »Knopf«) ist ein Instrument der PR und der Werbung. »Button« steht für den Aufreißer, das Element, das die Aufmerksamkeit des Publikums auf sich zieht und fesselt. Buttons werden unabhängig von der eigentlichen Botschaft eingesetzt. Sie werden gedrückt, um die Aufmerksamkeit der Zielgruppe zu erhalten und zu binden.

Im visuellen Bereich ist das ein »Hingucker«.

Der älteste Button der Welt ist wahrscheinlich Sex. *»Sex sells«* heißt demnach auch einer der ältesten Merksätze in der Werbebranche. Eine Zeitschrift wie »Playboy« könnte die Tatsache verdecken, dass Button und Inhalt der Botschaft gar nichts miteinander zu tun haben müssen, damit ein Button funktioniert. Denn nicht nur Erotikmagazine, sondern auch Autoreifen verkaufen sich gemäß Marktforschung besser, wenn sie mit Dessousmodels garniert werden. Eine abgemilderte Form davon sind Messehostessen. Einem lächelnden hübschen Mädchen schlägt der (mehrheitlich männliche) Standbesucher nicht so leicht einen Verkaufsprospekt ab, selbst wenn dieser nur technische Daten und Fotografien von Hochleistungspumpen enthält.

Die wichtigste Information über Buttons ist: Buttons exisitieren nicht »aus sich heraus« und sind nicht etwa ein Teil des Produkts, sondern *Buttons sind ein Teil der Zielperson.*

Aufstand der Verkäufer. Stephan Gebhardt-Seele

ISBN 978-3-527-50598-2

Wie routinemäßig und schamlos die Werbung großer Konzerne und Markenhersteller sich der Buttons des gemeinen Volkes bedient, ohne dass die präsentierten Buttons irgendetwas mit dem Produkt zu tun haben, kann man leicht erkennen, wenn man sich mal ein paar typische Werbefilmchen ansieht: Das Traumauto fährt auf leeren Straßen. Magersüchtige Models essen Schokoriegel, Waschbrettbäuche trinken Bier. Die Marlboro-Cowboys (alles Schauspieler und Raucher, von denen inzwischen zwei an Lungenkrebs gestorben sind) könnten wohl kaum erklären, wie »Freiheit und Abenteuer« wirklich schmeckt und wie so ein Geschmack in eine Zigarette hineinkommt.

Aber all dies sind Buttons. Leere Straßen, kein Zeitdruck, keine Ampeln, kein Stau, kein Warten auf den Bus, kein Schlangestehen an der Kasse, freundlich lächelndes, zuvorkommendes Verkaufspersonal, Küchen, die sich selbst putzen. Keine Verpflichtungen, einfach nur in den Sonnenuntergang hineinfahren! Die Gesellschaft von begehrenswerten Frauen, attraktiven Männern, Traumfigur! Freizeit, Wohlstand, Luxus, Essen ohne dick zu werden, und immer wieder: Sex. Es sind die Buttons im Kopf der Zielperson, nicht die wirklichen Produktvorteile, mit denen da geworben und verkauft wird.

Werbung versucht, die Buttons der Zielgruppe zu drücken und den Leuten auf diese Weise einzureden, dass das ersehnte Glück käuflich ist. Der amerikanische Publizist Vance Packard, bekannt geworden durch seinen internationalen Bestseller *The Hidden Persuaders* (Die geheimen Verführer, 1957) war ein früher Kritiker des Konsumterrors und formulierte schon in den Anfangsjahren des Werbezeitalters prägnant: *»Reklame ist die Kunst, auf den Kopf zu zielen und die Brieftasche zu treffen.«*

PR arbeitet ganz genau so. Nur mit dem Unterschied, dass nicht das Geld, sondern allein die Aufmerksamkeit der Zielperson ins Visier genommen wird.

Kenne die Buttons deiner Zielgruppe, setze sie gezielt ein und du kriegst Aufmerksamkeit für dein Anliegen, lautet das einfache Gesetz.

Noch vor einigen Jahrzehnten war Kommunikation selbst eine Art Button. Wenn jemand nur penetrant genug war, konnte er sich irgendwann einfach dadurch Gehör verschaffen.

Heute ist das insofern anders, als die technischen Möglichkeiten der schranken- und hemmungslosen Kommunikation allen offenstehen und zu hoffnungslos überfluteten Zielpersonen geführt haben.

Selbst der hinterletzte Einsiedler auf einem Einödhof in Kleinkleckersdorf kriegt über seinen Internetanschluss, E-Mail-Eingang und sein Mobiltelefon viel mehr Kommunikation, die direkt auf seine Person aufprallt, als ihm lieb ist, so dass Penetranz allein einfach nur dazu führt, dass die Zielperson sich vollkommen verschließt, den Totstellreflex aktiviert und alle Nachrichten unbeantwortet lässt.

Also muss man sich wieder verstärkt auf inhaltliche Buttons konzentrieren. Der Button muss genau ins Ziel treffen, damit die Zielperson reagiert.

Andererseits ist zu bedenken: Kaum jemand versteht diese Sache mit den Buttons. Viele Kampagnen, die eine Menge Geld gekostet haben, basieren schlicht auf Annahmen, fixen Ideen oder Wunschvorstellungen des Absenders und laufen erfolglos ins Leere. Für jeden *Harry Potter* gibt es Tausende vergeblicher Versuche erfolgloser Fantasy-Schriftsteller, entäuschter Verlage und Millionen Euro in den Sand gesetzte Druckkosten.

Also müssen Buttons zu hundert Prozent sitzen. Nur dann erhält man die gewünschte Reaktion.

Buttons: Die Formel

Wenn Buttons nicht ein Teil des Produktes und nicht ein Teil des Absenders, sondern ein Teil der inneren Welt der Zielperson sind, dann kann man daraus schließen, dass Buttons niemals darin liegen, was der Absender aus seinem Expertengesichtspunkt für besonders interessant und wichtig hält. Denn Zielpersonen sind anders gestrickt als Absender.

Das wiederum ist eine Beobachtung, die den meisten Werbeleuten, aber auch vielen Verkäufern entgeht. Die Zielperson ist nicht nur ein bisschen anders, sondern sehr viel, um nicht zu sagen: maximal anders als der Absender.

Beispiel Bäcker:

Ein Bäcker ist ein spezieller Mensch. Nur ein Bäcker denkt wie ein Bäcker und alle anderen denken – berufsbedingt – irgendwie anders. Das ist nicht schwer zu verstehen. Der Bäcker backt die

Brötchen und die hungrigen Frühstücker kaufen und essen sie. Das ist ein anderer Gesichtspunkt.

Wer ist nun der allerletzte Mensch, der als Kunde zu diesem Bäcker in den Laden kommt, um Semmeln zu kaufen? Natürlich – *der andere Bäcker*! Er ist schließlich auch Bäcker und kann sich die Semmeln selber backen. Niemals würde er also bei einem Bäcker Kunde werden. Und nun, Hand aufs Herz: Warum sollte ein Bäcker dann den Gesichtspunkt eines Bäckers, also seinen eigenen, als Maßstab für die Einschätzung seiner Zielperson nehmen? Erscheint das unter dieser Beleuchtung nicht vollkommen abwegig?

Gehen wir einen Schritt weiter: Wer ist der Vorletzte, der zum Bäcker in den Laden kommt? Die Frau vom Bäcker. Der Hobbybäcker. Jemand, der so ähnlich ist wie ein Bäcker. Ein Hobbybäcker backt sich zuhause selber Semmeln. Zum Bäcker geht er nur selten, und wenn, dann zum Kritisieren oder zum Abgucken. So können wir das beinahe mathematisch weiterrechnen. Je ähnlicher jemand einem Bäcker ist, desto weniger wird er Kunde werden. Umgekehrt, je unähnlicher eine Person ist, desto mehr wird er auf den Bäcker angewiesen sein. Der beste Kunde ist also ein erklärter Nicht-Bäcker, ein militanter Frühstücker.

Der Gesichtspunkt der Zielperson ist niemals auch nur *ähnlich* dem Gesichtspunkt des Absenders, sondern *immer maximal anders*. Buttons der Zielgruppe sind demnach in aller Regel ganz woanders zu suchen, als Anbieter in ihrer häufig »betriebsblinden« Expertenwelt üblicherweise annehmen.

Beispiel Zahnarzt:

Dr. Hugo Raffelswald hat an der besten Universität des Landes studiert und seinen Doktor bei dem berühmten Professor Dr. Dr. Eriwan Ehrenbart gemacht. Er ist ein Könner, ein Perfektionist, ein ganz toller Hecht in seiner mit ultra-moderner Hightech bis unter die Decke vollgestopften Praxis. Aber sind das Buttons? Im Kopf von potenziellen Patienten?

Nein. Zahnschmerzen, Hoffnung auf schnelle Linderung, tut nicht weh, Praxis in der Nähe, kurze Wartezeiten, die Kasse zahlt es. Das sind Buttons von Zahnpatienten. Und der allerbeste Button für einen Patienten: ein Freund, der schon mal beim Dr. Raffelswald in Behandlung war.

Natürlich denkt Dr. Raffelswald, das ist doch alles Popelkram, nur was für Anfänger und den ganz stinknormalen Wald-und-Wiesen-Zahnarzt. Für ihn vielleicht, aber für die Patienten nicht. Denn Patienten sind eben keine Zahnärzte, sondern Zahnpatienten. Und damit das genaue Gegenteil vom Zahnarzt. Somit interessieren den Patienten auch ganz andere Sachen als den Zahnarzt. Wie weit der Button von der Fachwelt der Zahnheilkunde entfernt sein kann, zeigt die folgende Beobachtung:

Fast jeder, der an irgendeinem Ort neu zugezogen war und einen Zahnarzt gebraucht hat, kann sich erinnern, wie er den Zahnarzt gefunden hat, der heute »sein« Zahnarzt ist: Er hat einen Verwandten oder Freund gefragt, ob der einen guten Zahnarzt kennt. Der hat dann gesagt: »Geh' zum Dr. Raffelswald, ich bin schon lange bei dem, der ist gut.« Da ging man also hin, und die Welt war in Ordnung.

Lustigerweise ist also die Empfehlung eines Nicht-Zahnarztes, eines Laien, um nicht zu sagen: eines dentalmedizinisch total Ahnungslosen(!) für die meisten Zahnpatienten ein viel wirksamerer Button als alle anderen Argumente, die die Kompetenz des Zahnarztes fachlich präziser und schlüssiger belegen könnten.

Der Gesichtspunkt der Zielperson ist, wie man sieht, immer vollkommen anders als der des Absenders. Liegt das nicht in der Natur der Sache selbst? Der Absender will verkaufen (seine Sache loswerden), die Zielperson soll kaufen (eben diese Sache haben wollen). Das sind doch auch recht unterschiedliche Dinge – um nicht zu sagen: genau entgegengesetzte Aspekte der Angelegenheit.

Aus Erfahrung kann ich Ihnen berichten, dass in vielen Fällen die Zielperson so dermaßen anders ist als der Absender, dass Absender häufig gar nicht glauben, dass es eine solche Zielperson überhaupt gibt! Es ist tatsächlich so, dass die qualifiziertesten Zielpersonen manchmal völlig übersehen werden, während der Anbieter wie ein Mondsüchtiger hinter seinen eingebildeten, nicht existierenden »Wunschkunden« herrennt.

Die übergeordnete Formel für funktionierende Buttons lautet: *Der Wurm muss dem Fisch schmecken, nicht dem Angler.*

Viele kennen den Spruch, aber aus Erfahrung muss ich Ihnen sagen: Die wenigsten beherzigen ihn wirklich und ... nun ja, Missionare landen im Kochtopf.

Der richtige Button für die Kanibalen wäre demnach nicht etwa: »Tuet Buße, denn es steht geschrieben: Du sollst nicht töten«, sondern eher: »Die ruhmreichen Krieger vom Nachbarstamm haben bis jetzt jeden Gegner plattgemacht, denn sie verwenden ein neues Zaubermittel. Es heißt Kohlrabi und ist der wahre Bringer für ihre Unbesiegbarkeit!«

Nicht logisch, aber wirksam

Wir dürfen nicht vergessen: Buttons existieren nur im Kopf einer Person, nirgendwo anders. Und wir dürfen ebenfalls nicht vergessen, dass Buttons, obwohl in den Köpfen von Leuten, sich niemals irgendeiner Logik oder Folgerichtigkeit erschließen.

Wir müssen einkalkulieren, dass etwas, das eine Zielperson schließlich als Button offenbart, etwas sein könnte, das wir selbst für völlig irrelevant halten oder sogar vehement ablehnen.

Ein Button ist sozusagen »Geschmackssache« in Reinkultur und hat den Charakter von *»Ich bin ganz sicher, dass ich in diesem Punkt Recht habe, sogar dann, wenn klar auf der Hand liegende Tatsachen dagegen sprechen«.*

In einer Gesellschaft, in der die meisten Leute Kommunikation von fremden Leuten routinemäßig zurückweisen, ist die Kenntnis der Buttons einer Zielgruppe der Schlüssel, um Kommunikation trotzdem aufbauen und betreiben zu können.

Was uns zu der Frage bringt: Wie ermittelt der Verkäufer die richtigen Buttons *seiner* Interessenten?

Warum typische Werbe-Buttons bei Kauf-Interessenten versagen

In den Kapiteln über Broschüren, Präsentationen und schriftlichem Angebot sprechen wir von einer sehr speziellen Zielgruppe: Interessenten.

Ich habe schon früher festgehalten: Ein Interessent interessiert sich bereits für die Angelegenheit. Er möchte in diesem Stadium nicht einfach nur ein weiteres Mal auf die Sache aufmerksam gemacht werden, sondern er will jetzt mehr Sicherheit darüber erlangen, dass sich ein fortgesetztes Interesse auch lohnt. Die Buttons, die der Verkäufer jetzt einsetzen muss, sind somit keine klassischen »Hingucker«. Die Zielperson guckt schon hin.

Wenn der Verkäufer in seinen Unterlagen und Präsentationen nun ausschließlich die stereotypen, in der Werbewelt verbreiteten Buttons verwendet, dann tritt beim Interessenten eine Wirkung ein, die dem Verkaufsprozess äußerst abträglich ist: Ein Rückstoß-Effekt sozusagen. Die von der Werbung typischerweise verwendeten Buttons sind nämlich schon so ausgelutscht und so allgegenwärtig, dass sie dem Empfänger augenblicklich signalisieren: »Ich bin Werbung, Find mich toll!«

Und das stößt den Interessenten, der sich ohnehin bereits für die Sache interessiert, eher ab, als dass es ihn anzieht. Denn Werbung, das weiß jeder, lügt! Werbung ist unglaubwürdig, nicht vertrauenswürdig. Die Buttons, die die Werbung verwendet, um Aufmerksamkeit einer anonymen Zielgruppe zu erhalten, haben die gegenteilige Wirkung bei der Kommunikation des Verkäufers zu der speziellen Zielgruppe des individuellen Interessenten.

Was sind also die Buttons, die Informationsbroschüren, Präsentationen und Angebote so ausstatten, dass der Interessent sich nicht nur für die Sache, sondern auch für einen Kauf, also einen Verkaufsabschluss interessiert?

Und genau diese Frage werde ich im nächsten Kapitel beantworten.

Fünfzehntes Kapitel
Drei Verkaufshilfen, die dem Verkäufer wirklich helfen

Buttons und Bratenduft – also Dinge, die den Interessenten wirklich beschäftigen und die Hoffnung auf eine Lösung – das sind die wesentlichen Komponenten, die eine Verkaufshilfe enthalten muss, damit sie dem Verkäufer wirklich hilft.

Abhilfe Nr. 7: Wie eine Broschüre zu einer Verkaufshilfe wird

Es gibt tatsächlich Buttons für den Einsatz in Broschüren, die für Interessenten aller Art funktionieren. Außerdem wird der Leser wesentliche Punkte aus den Kapiteln über die Interessentenbehandlung im Dialog mit dem Verkäufer wiedererkennen. Unabhängig von Branche und Komplexität des Themas lassen sich für die Entwicklung von verkaufsfördernden Broschüren die folgenden zehn Regeln aufstellen:

1. »Sicherheit« vermitteln.

Der übergeordnete Button für einen Interessenten (jemand, der sich bereits für die Sache interessiert) ist: Sicherheit. Ein Interessent will vor allem eins: Sicherheit gewinnen, dass er mit seinem Interesse für diese Sache und für diesen Anbieter richtig liegt.

Demnach müssen alle Elemente einer solchen Broschüre dieser übergeordneten Maxime folgen: Sie müssen dem Interessenten Sicherheit vermitteln.

2. Branchen- und zielgruppenspezifische Buttons verwenden.

Branchen- und zielgruppenspezifische Buttons müssen möglicherweise ermittelt werden. Der Wurm muss dem Fisch schmecken, nicht dem Angler. Die Ermittlung solcher Buttons mag einfach sein oder schwierig, aber ermittelt werden müssen sie!

Aufstand der Verkäufer. Stephan Gebhardt-Seele

ISBN 978-3-527-50598-2

Hinweise auf solche Buttons erhält man durch die Antworten von Interessenten auf die »drei Marketingfragen« (Kapitel 6: Welche Fragen stellt der Verkäufer, Abschnitt: Drei Qualifikationsfragen, die alles erklären). Zur Erinnerung:

Erste Marketingfrage:
Welches Problem soll das Ding lösen, für das der Interessent gerade behauptet, sich zu interessieren?

Zweite Marketingfrage:
Was ist für den Interessenten die bisherige Lösung für dieses Problem?

Dritte Marketingfrage:
Was ist aus der Sicht des Interessenten das Problem in der bisherigen Lösung?

Mehr über Buttons und deren Ermittlung findet sich in meinem Buch *Immer gute Auftragslage!*.

Und nochmal, zur Sicherheit: Buttons sind in der Regel *nicht* das, was der Anbieter denkt, das an seinem Produkt oder seiner Dienstleistung so besonders, so einzigartig, so hervorragend ist. Buttons befinden sich im Kopf der Zielperson (in diesem Fall: des Interessenten) und nur dort!

Die richtigen Buttons müssen ermittelt und sie müssen *verwendet* werden, wenn eine Broschüre nicht nur allgemein beeindrucken, sondern auch inhaltlich verkaufsfördernd wirken soll.

3. Berichten statt Versprechen!

Siehe Kapitel 9: Abschnitt »Ein wunderbarer Katalysator für die Preisvermittlung«. »Berichten statt Versprechen« funktioniert nicht nur bei der Preisvermittlung als Neutralisator für Einwände, sondern überall. »Berichten« ist immer glaubwürdiger als »Versprechen«. Ein Bericht anstelle eines Versprechens vermittelt dem Interessenten: Sicherheit. Und nur darum geht es.

4. Zitate aus Kundenreferenzen bringen.

Eine hervorragende, immer und überall wirksame Anwendung von »Berichten statt Versprechen« und damit ein direkter Schuss ins Tor bei der Vermittlung von Sicherheit sind Zitate aus Äußerungen zufriedener Kunden.

Ob Kundenfirmen oder Kundenvertreter dabei namentlich genannt werden können oder nicht, spielt keine Rolle. Ob die Zitate aus schriftlichen oder mündlichen Kundenäußerungen stammen, ist ebenfalls unwichtig.

Zitate sollten immer durch Anführungstriche und Gestaltungselemente wie Kästen oder Kursivdruck als solche kenntlich gemacht und hervorgehoben werden.

Zitate vermitteln dem Interessenten Sicherheit durch die Botschaft: *»Siehst du, andere haben bei uns gekauft und sind sehr zufrieden gewesen mit ihrer Kaufentscheidung. Bei uns zu kaufen ist kein Experiment, sondern eine sichere Sache, die schon oft erprobt wurde und sich als Erfolg erwiesen hat.«*

5. Nicht viel, sondern nur das Allerwichtigste sagen.

Eine mit Informationen zu vollgestopfte Broschüre bewirkt nur, dass viele Interessenten nicht alles lesen.

Eine Broschüre soll den Interessenten nicht unterrichten, sondern ihm nur Sicherheit vermitteln. Also soll die Broschüre den Interessenten nicht über »alles« informieren, was es zu sagen gäbe, sondern nur über das Aller-allerwichtigste. Wichtig oder »allerwichtig« ist wiederum nicht das, was der Anbieter für das Wichtigste hält, sondern das, was der Interessent am leichtesten verstehen kann. Das Gefühl des »Informiert-worden-seins« ist bei einer Broschüre wichtiger als die inhaltliche Logik, die Schlüssigkeit oder die Vollständigkeit der Information.

6. Alles leicht verständlich ausdrücken.

Jede Passage, jedes Wort, jede Abkürzung und jeder Fachausdruck, den der Interessent nicht leicht verstehen kann, kann dazu führen, dass der Interessent nicht weiterliest. Auch alle zu langatmigen oder zu komplizierten Erörterungen haben diese Wirkung. Sicherheit wird letztlich auch dadurch vermittelt, dass alles, was in der Broschüre steht, leicht verständlich ist. Über etwas, das der Interessent verstehen kann, fühlt er sich sicherer und kann somit wesentlich leichter eine Kaufentscheidung treffen.

7. Gutes Design verwenden.
Gutes Design bedeutet nicht »viel Design«, »auffälliges Design« oder »designpreisverdächtiges Design«. Eine Broschüre ist kein Kunstwerk und keine Geschmacksache, sondern eine Verkaufshilfe. Design ist kein Selbstzweck, sondern muss zur Erfüllung der eigentlichen Aufgabe *beitragen*.

Über den Irrtum der Werbewelt, Design könne die Erfüllung einer Kommunikations-Aufgabe sozusagen im Alleingang bewerkstelligen, habe ich bereits gesprochen. Design muss *beitragen*, sonst nichts. Gutes Design misst sich daher an der wichtigsten Leitlinie des Bauhaus-Stils, der seinerzeit den Gedanken der kompromisslosen Reduktion ins Leben gerufen hat. Sie gilt bis heute als übergeordnete Regel für gutes Design:

Form Follows Function – die Form folgt der Funktion.

Praktisch ausgedrückt, bedeutet das: Alles, was nicht zur Erfüllung der Aufgabe eines Gegenstands beiträgt, muss weggelassen werden.

Für Broschüren könnte demnach gelten: Alles, was dem Verkauf nicht hilft, muss weggelassen werden. Ein Broschürenempfänger in heutiger Zeit ist schließlich schon genug irritiert durch das ganze verrückte Quiggel-quaggel aus der Werbung.

Gutes Design im Sinne der obigen Ausführungen erleichtert das Lesen, führt zu mehr Verstehen und vermittelt dem Interessenten: Genau – Sicherheit!

8. Kein reines Weiß als Grundfarbe wählen.
Simpel! Fast alles, was an Papier auf dem Schreibtisch von Leuten liegt, ist weiß. Daher ist die definitiv unglücklichste Wahl, die man für die Grundfarbe einer verkaufswirksamen Broschüre treffen kann: weiß.

Schon ein leicht gelblicher (chamois, beige, »off-white«) oder ein anderer Pastellton kann dieses Kriterium erfüllen.

9. Einen echten Ansprechpartner nennen.
Zur Erinnerung: Eine Broschüre ersetzt niemals den Dialog zwischen Verkäufer und Interessent. Der Dialog muss aufrecht erhalten werden. Ein Ansprechpartner, der namentlich genannt und auf einem Foto dargestellt wird, vermittelt dem Interessenten die Sicherheit, dass es eine echte Person gibt, die für ihn da ist.

10. Lageplan und Foto des Firmensitzes einfügen.
Selbst wenn der Interessent üblicherweise kauft, ohne je in den Geschäftsräumen des Verkäufers gewesen zu sein – eine klare Beschreibung der Lage des Firmensitzes und ein Foto des Gebäudes vermitteln dem Interessenten die Idee: »Jawohl, dieses Unternehmen existiert wirklich, faktisch und tatsächlich, im hier und jetzt!« – und damit: Sicherheit.

Papier ist besser als E-Mail

Unterlagen per E-Mail zu verschicken, birgt Risiken.

Der Empfänger muss diese Unterlagen ausdrucken. Womöglich druckt er Farbiges schwarz-weiß oder sein Drucker druckt schlecht.

Wenn der Empfänger die Unterlagen am Bildschirm sichtet, ist die Chance, dass er dadurch verwirrt wird, höher, weil kaum jemand am Bildschirm irgendetwas vollständig liest.

Wenn ein Interessent ausdrücklich nach elektronischer Übermittlung verlangt oder der Zeitdruck dies erforderlich macht, so lohnt es sich dennoch, die Unterlagen parallel dazu auf Papier mit der Post zu schicken.

Digitaldruck ist besser als Offset

Nur in besonderen Fällen wird eine Broschüre zum massenhaften Versand konzipiert. Daher empfehle ich, Broschüren nicht im Offset-Verfahren, sondern von einem Digitaldrucker herstellen zu lassen. Professioneller Digitaldruck liefert heute eine Qualität, der sich kaum noch vom Offsetdruck unterscheidet. Aber: Digitaldrucke können ab Auflage 1 geliefert werden. Die Broschüre kann demnach sehr rasch aktuellen Erfordernissen angepasst werden, ohne dass man viele hundert Exemplare der alten Ausgabe horten und dann ungenutzt wegwerfen muss.

Abhilfe Nr. 8: Eine Präsentation, die nicht predigt, sondern verkauft

Der Hauptgrund, warum Präsentationen verkaufsschädlich sind, liegt, wie ich bereits ausgeführt habe, darin, dass der direkte Dialog zwischen Verkäufer und Interessent beeinträchtigt wird.

Entgegen der Meinung von Interessenten, dass die Inhalte, die der Verkäufer präsentieren soll, für eine Kaufentscheidung ausschlaggebend sind, ist es vielmehr die *Person* des Verkäufers und es sind die *Antworten des Interessenten* auf die Fragen des Verkäufers, von denen das Zustandekommen eines Verkaufsabschlusses abhängt. Denn die übergeordnete Maxime lautet: Der Verkäufer steuert den Verkaufsprozess, nicht der Interessent.

Folglich lassen sich auch für die Planung und Durchführung von Präsentationen allgemeingültige Regeln aufstellen, sofern die Präsentation nicht als Predigt gedacht ist, sondern dem Verkäufer wirklich helfen soll, einem Verkaufsabschluss näher zu kommen.

1. Die gesamte Präsentation auf Dialog aufbauen.

Das bedeutet vor allem: Nur ein Teil der geplanten Dauer (etwa ein Drittel) sollte für das reine Präsentieren vorgesehen werden. Die übrige Zeit dient dem Dialog, bestehend aus Fragen des Verkäufers und Antworten der Interessenten. Der Dialog ist wichtiger als die ganze Präsentation!

Eine verkaufsfördernde Präsentation muss die Interessenten mit einbeziehen. Nur so erreicht der Verkäufer, dass sich die Interessenten aktiv mit dem Thema der Präsentation befassen, statt sich einfach nur »berieseln« zu lassen

Der Verkäufer muss eine ausreichende Menge an Fragen vorbereiten, diese können unter Umständen sogar auf Charts erscheinen.

Die Präsentation wird nicht als eine vorgefertigte »Show« auf bewegungslos dasitzende Zuschauer abgefeuert. Der Verkäufer muss vielmehr darauf vorbereitet sein, die Reihenfolge der Charts brutal abzuändern oder manche Charts einfach auszulassen, sobald die Situation es erforderlich macht.

2. Direkt zu den Interessenten sprechen.

Der Verkäufer verkauft seine Sache, nicht die Präsentation. Auch diese übergeordnete Leitlinie darf nie aus den Augen verloren werden.

Der Verkäufer darf nicht an der Präsentation kleben, er darf sich nicht dauernd den Charts zuwenden und er darf nicht permanent die Aufmerksamkeit der Interessenten auf die Charts lenken, sondern muss sich selbst in Stellung bringen. Charts dienen allenfalls als Verstärker oder als Merkhilfe. Der Verkäufer spricht zu den Interessenten, nicht die Charts.

Damit das klappt, ist es dringend angeraten, dass der Verkäufer die Präsentation vorher mehrere Male übt – erst allein, dann vor einem Test-Publikum. Selbst wenn ein Verkäufer kein brillianter Vortragsredner ist, so wird er sich wesentlich sicherer fühlen, wenn er seinen Vortrag mehrere Male geübt hat. Und diese Sicherheit seitens des Verkäufers ist es, die dem Interessenten die für den Verkaufsabschluss so wichtige Sicherheit vermittelt, dass er mit seinem Interesse richtig liegt.

3. Charts als Handout einsetzen.
Beamer und Flachbildschirme sind zwar irre modern und zeitgemäß, doch das heißt leider nicht, dass sie den Verkauf fördern. Ich kann aus langjähriger Erfahrung nur dringend raten, auf den Einsatz eines Beamers oder Flachbildschirms ganz zu verzichten, wo immer das möglich ist. Die Gründe dafür habe ich bereits im Kapitel 12 dargelegt.

Die meisten Interessentengruppen, für die eine Präsentation abgehalten wird, sind ohnehin klein oder sehr klein. Eine Projektion auf einer Fläche hinter dem Verkäufer ist eigentlich erst bei einem sehr großen Publikum hilfreich. Und sogar da behindert sie den Dialog (Verkäufer spricht direkt zu den Interessenten).

Die Charts der Präsentation als Handout an die Interessenten auszugeben, hat darüber hinaus drei unschätzbare Vorzüge.

1. Die Interessenten haben sofort etwas in der Hand, das sie anfassen und sich damit beschäftigen können. Auf diese Weise werden sie von Anfang an zu aktiven Teilnehmern erklärt, statt dass sie einfach nur passiv-abwartend im »Kino« sitzen dürfen.
2. Das Handout ist mit Seitenzahlen versehen. Damit kann der Verkäufer die Interessenten auf bestimmte Seiten springen lassen und sie nach Belieben in der Präsentation vor- und zurücknavigieren. Dazu sagt er an, was die Interessenten jetzt tun sollen: »Wenn Sie bitte an dieser Stelle mal die Seite 15 aufschlagen ...« Allein dieses Vorgehen kann dem Verkäufer helfen, die Steuerung des Kommunikationsprozesses während der Präsentation in der Hand zu behalten.
3. Je mehr Papier im Hause des Interessenten verbleibt und je mehr Personen diese Papiere haben, desto besser für den Verkaufsprozess. Weil alle teilnehmenden Interessenten nun das

gleiche Papier besitzen, steigt der Anteil der Übereinstimmung unter den Teilnehmern.

4. Extrem reduziertes Design verwenden.
Was für Broschüren gilt, trifft für eine Präsentation in noch extremeren Ausmaß zu: reduziertes Design! Jegliche gestalterische Schnörkel wirken als verkaufsschädliche Ablenkung.

5. Alles leicht verständlich ausdrücken.
Verständlich aus der Sicht des Interessenten! Alles, was Interessenten nicht leicht verstehen und nachvollziehen können, ist dem Verkaufsprozess abträglich.

Kompliziert werden die Dinge von selber. Allein die Anwesenheit mehrerer Teilnehmer bei einer Präsentation ist üblicherweise der Auslöser für irrelevante Fragen, abwegige Einwände und tausenderlei weitere Abschweifungen vom geradlinigen Verkaufsprozess.

6. Branchen- und zielgruppenspezifische Buttons verwenden.
Ganz gleich, was im Vorfeld der Präsentation mit einzelnen Teilnehmern erörtert worden war: Der Verkäufer beginnt immer »bei Adam und Eva«. Leute sind einfach zu vergesslich. Die tatsächlich existierenden Buttons müssen immer wieder eingesetzt und mit aller Kraft bearbeitet werden.

7. Berichten statt Versprechen.
Der wunderbare Katalysator für Glaubwürdigkeit in Verkaufsgesprächen und Unterlagen funktioniert natürlich auch bei einer Präsentation. Ein Versprechen kann wesentlich leichter angezweifelt werden als ein Bericht. Berichte sind glaubwürdiger und vermitteln Sicherheit.

8. Nicht viel, sondern nur das Allerwichtigste sagen.
Genau wie bei der Broschüre gilt: Eine Präsenation ist keine Prüfung. Und die Teilnehmer sind keine Jury. Niemand hat eine Art »Vollständigkeit« verlangt. Der Verkäufer muss sein eigenes Verlangen zügeln, alle Argumente, die es gibt, in seine Präsentation hineinzupacken. Denn das zieht die Sache nur unnötig in die Länge und Leute können sich inhaltlich ohnehin nicht viel merken. Es genügt vollkommen, dem Interessenten das Gefühl gegeben zu haben, dass er über *irgendetwas* informiert worden ist.

Und was ist das Allerwichtigste? Natürlich der Bratenduft! Bratenduft ist nicht der Braten. Ich kann den Verkäufer nur davor warnen, eine vollständige, schlüssige Lösung vorzutragen. Denn damit würde er nur Einwände seitens der Interessenten provozieren. Bratenduft ist – wir hatten das bereits – nicht die Lösung, sondern die Hoffnung auf eine Lösung. Und nur darin liegt der Schlüssel zum Abschluss!

9. Konkrete »Best Practice«-Beispiele und Kundenreferenzen bringen.

Eine ausgezeichnete Kombination von »Berichten statt Versprechen« und »Bratenduft statt Braten« sind echte Beispiele und Kundenreferenzen. Auf dieses wirksame Werkzeug sollte keine Präsentation verzichten.

Ein verkaufswirksames »Best Practice«-Beispiel besteht immer aus drei Teilen. Davon ist der zweite Teil der kürzeste.

Erster Teil: Buttons. Die Ausgangssituation. Aber: Nicht detailliert/technisch/wissenschaftlich, sondern allgemeinverständlich und vor allem angereichert mit den branchen- und zielgruppenspezifischen Buttons!

Zweiter Teil: Bratenduft. Eine sehr kurze und allgemein gehaltene Erörterung über den Einsatz des Anbieters. Wie kurz und wie allgemeingehalten das wirklich sein sollte, könnte herunterreduziert werden auf den Satz: »Wir haben unsere Lösung installiert.« Auf keinen Fall mehr Lösung erklären als unbedingt nötig. Alles, was der Interessent hier erfahren soll, ist: Wir wurden beauftragt, dieses Problem zu lösen und taten es. Bratenduft statt Braten!

Dritter Teil: Kundenzufriedenheit. Beschreibung bzw. Zitat der hohen Zufriedenheit des Kunden mit der Lösung. Bratenduft in Reinkultur!

10. Fragen stellen!

Und hier der ultimative, absolut wichtigste Punkt – die einzige Sache, die den ganzen Aufwand mit der Präsentation rechtfertigt:

Lieber Verkäufer, lieber Präsentator, lieber Herr Pfarrer, Frau Pastorin, Herr Wanderprediger, Herr Missionar: Bitte, bitte, bitte stellen Sie den anwesenden Interessenten Fragen!

Fahren Sie Ihre Präsentation nicht ab wie eine Dokumentarfilmeinspielung. Predigen Sie nicht. Lassen Sie sich nicht zu langatmigen Ausführungen hinreißen, selbst wenn Interessenten sich sehr interessiert zeigen und Ihnen Fragen stellen. Unterrichten Sie nicht. Beantworten Sie solche Fragen kurz und prägnant und dann stellen Sie wieder eine Frage. Bereiten Sie ausreichend Qualifikationsfragen und Abschlussfragen vor und unterbrechen Sie Ihren Vortrag immer wieder, um Ihre Fragen zu stellen.

Bedienen Sie sich der Columbo-Taktik, indem Sie Ihre Frage ankündigen (»Ich habe an dieser Stelle mal eine Frage an Sie …« – Pause). Machen Sie sich keine Sorgen darüber, ob Ihre Frage in den Kontext passt oder nicht (Nonsequitur-Prinzip).

Stellen Sie jede Frage laut und deutlich, mit einem eindeutigen Fragezeichen am Ende und dann schauen Sie erwartungsvoll in die Runde. Ertragen Sie das Schweigen. Wiederholen Sie Ihre Frage, falls nötig. Verlangen Sie Antworten. Zwingen Sie die Teilnehmer zu einer aktiven *Teilnahme* an der Präsentation.

Und ich sage Ihnen aus eigener Erfahrung: Der Verkäufer muss das *üben*. Sonst könnte es sein, dass er nicht durchhält. Denn die Teilnehmer könnten mit versteinertem Schweigen, mit Verblüffung, unter Umständen sogar mit Protesten reagieren. Üben Sie es. Erst allein, dann mit einem Testpublikum aus eigenen Leuten. Sie werden überrascht sein darüber, welche Wirkung das auf den Gesamteindruck hat, den Ihre Präsentation schließlich bei den Interessenten hinterlässt.

Mit Fragen lenkt der Verkäufer die Aufmerksamkeit der Interessenten immer wieder von der Präsentation weg und richtet sie auf sich selbst. Und das *ist* der alles entscheidende Faktor. In dem Maße, wie der Verkäufer es unterlässt, Fragen zu stellen, schläfert er die Teilnehmer ein und macht einen Verkaufsabschluss weniger wahrscheinlich. In dem Maße, wie der Verkäufer ausschließlich unterrichtet, predigt (oder gar »missioniert«) provoziert er bei den Teilnehmern ausschließlich Einwände. In dem Maße, wie der Verkäufer Fragen stellt und die Teilnehmer zur Teilnahme zwingt, treibt er den Verkaufsprozess voran – in Richtung Abschluss.

Seien Sie kein Missionar, seien Sie ein Verkäufer, denn Missionare landen im … na ja, wie bereits berichtet – im Kochtopf.

Eine Präsentation ist nach wie vor ein Verkaufsgespräch

… es sei denn, man veranstaltet eine Instruktion, ein Seminar oder einen Workshop – gegen Honorar selbstverständlich. Aber wenn Sie Ihre Präsentation abhalten, *um* etwas zu verkaufen, dann gilt: Behandeln Sie Ihre Präsentation grundsätzlich wie ein Verkaufsgespräch. Denn sie ist es doch auch.

Abhilfe Nr. 9: Ein Angebot mit eingebauter Abschlusstechnik

Um Abschlusstechnik in ein schriftliches Angebot »einzubauen«, bedarf es genau zweier Komponenten.

Erste Komponente:
Die Erstellung des schriftlichen Angebots folgt *allen* Regeln, die schon für Broschüren aufgestellt wurden.

Abgesehen davon, dass ein schriftliches Angebot Leistung und Preis eindeutig definiert, müssen die Angebotsunterlagen in Aufmachung und Inhalt vor allem eines tun: Dem Interessenten Sicherheit vermitteln. Die Sicherheit, dass er richtig liegt, wenn er das Angebot annimmt.

Es ist durchaus möglich, dass der Interessent, mit dem der Verkäufer alle Details der Beauftragung verhandelt hat, nochmal eine endgültige Zustimmung oder auch die rechtsgültige Unterschrift unter den Vertrag von jemandem anderen einholen muss. Und für den Fall, dass dieser andere geneigt ist, statt zu unterschreiben, jetzt nochmal ein Fass aufzumachen, empfiehlt es sich, die Angebotsunterlagen so zu erstellen, dass sie – neben Preis und Leistung – maximale Sicherheit vermitteln.

Das bedeutet, sämtliche Regeln für die Erstellung von Broschüren, die als Verkaufshilfe dienen sollen, müssen auch bei der Erstellung eines schriftlichen Angebots zur Anwendung kommen.

Zweite Komponente:
Und hier kommt das lebenswichtige und unumstößliche Gesetz für schriftliche Angebote. Ganz gleich, wie detailreich sich Anbahnung und Verkaufsverhandlungen für einen Abschluss gestaltet

haben: Ein Verkäufer, der dieses Gesetz verletzt, riskiert, dass er mit seinem schriftlichen Angebot den Notausschalter beim Interessenten betätigt – eine Absage in letzter Sekunde.

Ich habe immer wieder erwähnt, dass Unterlagen, Präsentationen und schriftliche Angebote eines definitiv *nicht* können: den Dialog zwischen dem Verkäufer und dem Interessenten ersetzen. Das können sie nicht. Und daher lautet das unumstößliche Gesetz für ein schriftliches Angebot:

Ein schriftliches Angebot darf nichts, nichts, absolut nichts enthalten, das der Interessent nicht versteht und das nicht vorher im Dialog zwischen Verkäufer und Interessent explizit abgesprochen wurde.

Warum nicht? Ich erinnere an die »Frage aller Fragen« beim Heiratsantrag, am Ende von Kapitel 6. Wenn die Frage aller Fragen gestellt wird, dann sollte die Antwort bekannt sein und natürlich »Ja« lauten. Ein schriftliches Angebot entspricht genau dieser finalen Frage. »Willst du mich heiraten?« Der Verkäufer will jetzt nicht mehr herumdiskutieren, nicht alles nochmal erklären, keine weiteren Einwände behandeln und sein Angebot auch nicht viele Male nachbessern, sondern er schickt sein Angebot, um ein »Ja« zu erhalten, die Unterschrift des Interessenten, den Verkaufsabschluss, der den Interessenten endlich zum Kunden macht.

Und damit das passiert, muss der Verkäufer die Leistung, den Preis sowie *alle Details,* die das Angebot enthält, vorher vollständig mit seinem Interessenten geklärt und abgesprochen haben, so dass das schriftliche Angebot selbst und die Unterschrift unter den Vertrag nur noch eine reine Formsache ist.

Dinge wie »Allgemeine Geschäftsbedingungen« spielen keine Rolle, sofern keine exotischen Bedingungen darin enthalten sind. Man druckt die AGBs in kleinen Buchstaben auf ein separates Blatt und damit hat sich die Sache. Aber für das Angebot selbst gilt uneingeschränkt, dass das schriftliche Angebote auf keinen Fall für den Interessen unverständlich sein darf oder Dinge enthält, die nicht vorher im Dialog zwischen Verkäufer und Interessent explizit abgesprochen wurden.

Wenn der Verkäufer dieses Gesetz beherzigt, wird er möglicherweise weniger Angebote verschicken. Weil es sich unter Umständen während des Dialogs zwischen Verkäufer und Interessent herausstellt, dass die Vorstellungen des Anbieters und die des Interessenten einfach nicht zur Deckung zu bringen sind. Es gibt sie immer wieder, diese Leute, die – aus welchem Grund auch immer – darauf bestehen, Porsche zu fahren, aber nur VW zu bezahlen (Geizkrägen) oder gar nichts bezahlen wollen (Berliner). Und denen ist letztlich nicht zu helfen.

Aber wenn der Verkäufer dieses Gesetz beherzigt, dann wird er sich viel Zeit und Arbeit sparen. Denn die Angebote, die er letztlich schickt, werden angenommen, unterschrieben, und der vormalige Interessent wird zum Kunden.

Und an dieser Stelle müsste das Buch eigentlich zu Ende sein.

Ist es aber nicht. Denn es gibt noch ein Thema, ein wirklich ganz gemeines, fieses, hässliches Thema.

Und dieses Thema hat damit zu tun, warum die meisten Verkäufer gar nicht in dem Maße als Verkäufer zum Zuge kommen, wie sie könnten oder gerne wollten.

Ich habe ganz zu Beginn des Buches erwähnt, dass Interessenten nicht irgendwelche Leute sind, sondern solche, die ihr Interesse bereits auf irgendeine Weise signalisiert haben. Nun stellt sich jedoch für eine Menge Verkäufer zunächst einmal die Frage, wo sie eigentlich solche Interessenten hernehmen sollen.

Womit wir beim Thema der *Neukundenakquise* angelangt wären.

Wie fies, gemein und hässlich dieses Thema ist, habe ich erst kürzlich wieder auf eindrucksvolle Weise vorgeführt bekommen, als ich von zwei Verkaufstrainern unabhängig voneinander um Rat gebeten wurde. Beide Trainer hatten unter anderem in ihrem Trainingsangebot »Neukundenakquise für Verkäufer«. So hätte man wohl annehmen können, dass die Verkaufstrainer mit dem, was sie anderen Verkäufern als Coaching anbieten, eigentlich in eigener Sache keine Schwierigkeiten haben sollten. Nun, trotzdem haben sie sich in Sachen »Klinkenputzen« an mich gewandt und wollten wissen, wie ich ihnen bei diesem Problem weiterhelfen kann.

Und so folgt im letzten Abschnitt dieses Buches, was ich ihnen empfohlen habe.

Teil 3

Von der Erlösung des Verkäufers von dem Übel

Sechzehntes Kapitel
Warum sich Verkäufer auch für wenig qualifizierte Interessenten viel Arbeit machen

In den vorangegangenen Kapiteln dieses Buches habe ich immer wieder auf die Notwendigkeit hingewiesen, den Interessenten genau zu qualifizieren. Ich habe dem Verkäufer empfohlen, jeden Interessenten abzuklopfen und auszuchecken, im Hinblick auf die Ernsthaftigkeit seines Interesses und sein tatsächliches Potenzial. Bei der Lektüre dieser Passagen hat der Leser sich möglicherweise des Eindrucks nicht erwehren können, dass ich für ein ziemlich strenges Auswahlverfahren plädiere und dem Verkäufer dringend anrate, wenig qualifizierten Interessenten wenig und unqualifizierten gar keine Aufmerksamkeit zu schenken.

Und hier werden Verkäufer, Vertriebsleiter, Geschäftsführer und vor allem Trainer für Service und »Kundenorientiertheit« wahrscheinlich Einspruch erheben. Solche Leute sagen: »Jeder, der sich interessiert, könnte ein Kunde werden. Man darf keinen Interessenten nachrangig behandeln oder ignorieren, denn das ist schlecht für das Image der Firma und eventuell könnte sich dieser Interesssent ja doch noch als jemand ganz anderes herausstellen und tatsächlich etwas kaufen.« Und dann kommt immer das Beispiel (wahre Geschichte!) von dem unrasierten Rentner im Jogginganzug, der auf der Boot & Caravan herumirrt und den keiner am Stand ernst nimmt, der aber, wie sich dann im Verkaufsbüro der Konkurrenz herausstellt, Ersparnisse von 70 000 Euro in bar (!) aus der Tasche holt, die er hier und heute für ein neues Wohnmobil anlegen will.

Nun, lassen Sie mich an dieser Stelle noch etwas nachschieben und präzisieren. Qualifikationsfragen werden keineswegs so gestellt, dass der Interessent das Gefühl bekommt, er werde nicht ernst genommen. Aber stellen muss man solche Fragen, der Verkäufer darf diesen Schritt nicht auslassen. Denn, mal ehrlich: Auf einen unrasierten Rentner mit der Kohle im Sack kommen wie viele

Aufstand der Verkäufer. Stephan Gebhardt-Seele

ISBN 978-3-527-50598-2

geschniegelte Wichtigtuer, die einen auf dicke Hose machen und sich dann bei der Preisdiskussion sang- und klanglos im Treiben der allgemeinen Weltgeschichte verflüchtigen?

Tatsächlich sind es die Antworten des Interessenten auf Qualifikationsfragen, die dem Verkäufer Aufschluss darüber geben, wie der Interessent wirklich gestrickt ist. Und tatsächlich ist es eine Schwäche vieler Verkäufer, dass sie diejenigen Antworten nicht ernst nehmen, mit denen der Interessent klar signalisiert, dass er eigentlich gar kein Potenzial hat. Statt den Qualifikationsprozess fortzusetzen, klammert sich der Verkäufer an die Hoffnung und fängt an zu predigen, zu beraten und um den angeblichen »Interessenten« herumzuschwänzeln wie ein Wiener Oberkellner. Aber warum tun Verkäufer das?

Es gibt nur eine Antwort: Verkäufer, Vertriebsleiter, Geschäftsführer und auch die besagten Trainer sind der Ansicht, dass neue Interessenten eine *seeehr knappe* Resource darstellen. Neue Interessenten sind seeehr schwierig zu finden. Der Messestand, der Laden, die Ausstellung haben ein Mörder-Geld gekostet, jetzt muss natürlich jeder, der reinkommt, und sei es nur, weil der Eingang etwas abschüssig war, wie ein rohes Ei behandelt werden. Neukunden sind knapp, selten und sehr schwierig zu akquirieren.

Ausnahmen gibt es immer, aber die Regel ist: Aktive Neukundenakquise bedeutet für Verkäufer so ziemlich die schlimmste Strafarbeit.

Und damit haben wir die eigentliche Antwort. Wenn Neukunden so schwer zu kriegen sind und es so mühsam ist, welche zu akquirieren, dann will man natürlich die paar Interessenten, die als kleines Lichtlein am Ende des dunklen Tunnels erscheinen, nicht gar so streng aussortieren. Sonst könnte es ja sein, dass überhaupt keiner mehr übrigbleibt.

Warum viele Verkäufer die Neukundenakquise so hassen

Ja, warum? Für die Neukundenakquise muss der Verkäufer Leute kontaktieren, die eigentlich gar keine Interessenten sind, und versuchen, diese nicht-interessierten Leute in Interessenten zu verwandeln. Man nennt das abfällig: Klinkenputzen.

Technisch ausgedrückt besteht Neukundenakquise darin, aus einer amorphen Zielgruppe einen individuellen Interessenten herauszudestillieren.

Und damit wird schlagartig klar, warum gerade ein guter Verkäufer das nicht gerne tut. Ein guter Verkäufer mag nämlich sehr geschickt darin sein, aus Interessenten Kunden zu machen. Aber aus »Nicht-Interessenten«? Die Methodik, die ein guter Verkäufer beherrscht, um Interessenten in Kunden zu verwandeln, ist größtenteils ungeeignet für die Aufgabe, aus Nichtinteressenten Interessenten zu machen.

Viele Selbstständige und auch Verkäufer haben mir berichtet, dass sie »überhaupt keine Schwierigkeiten mehr« hätten, wenn ein Interessent erst einmal vor ihnen sitzt. Aber bis dahin …!

Nichtsdestotrotz verlangen viele Unternehmen von ihrem Verkäufer (und dem Geschäftsführer oder Inhaber, der selbst verkauft, bleibt ohnehin nichts anderes übrig), dass er sich seine Interessenten selbst beschafft. Und so stellt der Verkäufer schon bald fest, dass die Interessentenbeschaffung aus einer anonymen Zielgruppe, vorwiegend bestehend aus Nichtinteressenten, mit den typischen Werkzeugen eines Verkäufers gar nicht gut funktioniert. Es ist vielmehr eine mühsame, zeitfressende, um nicht zu sagen selbstquälerische Arbeit, Leute zu kontaktieren, die nicht kontaktiert werden wollen, mit Leuten zu reden, die nicht reden wollen, Leuten eine Sache nahezubringen, für die sie sich nicht interessieren. Und das auch noch in Mengen!

Wieviele Leute muss der Verkäufer anrufen, die er gar nicht ans Telefon bekommt. Wie viele Leute muss er auf diese Weise kontaktieren, nur um zu erfahren, dass sie nicht reden wollen, bis sie schließlich einen finden, der wenigstens zu einem Gespräch bereit ist. Um dann zu erfahren, dass die Person an der angebotenen Sache kein Interesse hat. Wie viele Ausreden, wie viel Desinteresse, Ablehnung und Zurückweisung muss der Verkäufer ertragen, bis schließlich ein Interessent auftaucht!

Dieser Aspekt der Arbeit frustriert fast jeden Verkäufer, und das mit gutem Recht! Denn wie ein Telefonmarketingsklave muss er arbeiten, strampeln, machen und tun, ohne dass er wirklich zu dem kommt, was er eigentlich vorhatte und was er gut kann, nämlich: *verkaufen.*

Und daher bringe ich nun mit dem folgenden Kapitel die Abhilfe für dieses unglaublich lästige, von vielen Verkäufern meistgehasste Thema: Neukundenakquise.

Welche Verkaufshilfe erspart dem Verkäufer das Klinkenputzen und beschafft ihm genügend Interessenten?

Siebzehntes Kapitel
Abhilfe Nr. 10: Wiederbelebung der wirksamsten Verkaufshilfe der Welt

Ich sag's gleich vorweg: Hier kommt wieder eine der von mir am Anfang des Buches angekündigten Provokationen. Und diesmal eine wirklich ganz, ganz gemeine. Zur Erinnerung:

> *Vorsicht!* Die Analysen sind provozierend, die Antworten verblüffend, aber nicht immer nett. Die beschriebenen Lösungen wurden erprobt und funktionieren, allerdings backen sie sich nicht von selbst.
>
> Denn ich – das können Sie mir glauben – war es endgültig leid, als Missionar zu gehen und regelmäßig im Kochtopf zu landen. Und deshalb ich habe die Empfehlungen in diesem Buch entwickelt, ausgearbeitet, sie alle selbst erprobt und mich mit meinen eigenen Augen davon überzeugen können, dass sie funktionieren.

Als ich meine Empfehlungen zum Thema »Kaltakquise« Mitte der neunziger Jahre unter dem Titel *Immer gute Auftragslage* als Buch herausbrachte, war die darin vorgestellte Methode zur Neukundengewinnung in erster Linie gedacht gewesen als eine Abhilfe für Leute, die – genau wie ich – den typischen »Akquisitionsfrust« hatten und alles, was mit Kaltkontaktieren und Klinkenputzen zu tun hatte, als eine lästige, selbstquälerische Tortur empfanden. Mir selbst war das schließlich so sehr gegen den Strich gegangen, dass ich mich daran gemacht hatte, eine systematische Methode zu entwickeln, die mir das verhasste Gebiet der Kaltakquise für alle Zeiten vom Leib halten sollte.

Mein Seminar, in dem ich meine Erkenntnisse schließlich vermittelte, war zwei Jahre lang ausgebucht, das Buch *Immer gute Auftragslage!* erschien gleich darauf, und kürzlich in dritter, aktualisierter Auflage. Mit meinen Empfehlungen als Berater im Bereich Akquisition

Aufstand der Verkäufer. Stephan Gebhardt-Seele

ISBN 978-3-527-50598-2

habe ich in der Zwischenzeit vielen Unternehmen und Vertriebspersonen helfen können. Dabei habe ich einige originelle Begebenheiten erlebt, wie zum Beispiel diese hier:

Ein Jahr, nachdem ich für einen mittelgroßen Handwerksbetrieb gearbeitet hatte, schrieb mir der Inhaber einen Brief. »*Ich muss zugeben, ich war anfangs ziemlich skeptisch* ...«, begann er (das stimmte, denn er war Schwabe und ich erinnerte mich genau an das Erstgespräch). »*Wir haben alles so gemacht, wie Sie vorgeschlagen haben. Die ganze Sache war mehr als ein Erfolg. Wir haben die Aktion derzeit eingestellt, da wir die neuen Aufträge und die, die wir schon haben, nicht verarbeiten können* ...«

Und wenig später – ich staunte nicht schlecht – da bestellte er bei mir einen Text für einen Absagebrief, mit dem er Interessenten mit unattraktiven Auftragsanfragen mitteilen wollte, er sei ausgebucht und könne deren Auftrag im Augenblick nicht annehmen.

»*Das ist jetzt einige Zeit her*«, schrieb mir ein anderer Geschäftsführer, »*wir haben Ihre Methode im Einsatz und sie funktioniert so gut, dass wir sie schon herunterfahren müssen, weil wir das Auftragsvolumen sonst nicht mehr bewältigen würden.*«

In meinem Buch *Immer gute Auftragslage* ist die von mir empfohlene Herangehensweise zum Zweck der Neukundenakquise sehr ausführlich und mit vielen Beispielen dargelegt. Doch um dem Leser hier und jetzt die Antwort auf die aufgeworfene Frage zu geben, beschreibe ich im Folgenden exakt und vollständig das *Grundprinzip*, das hinter der Methode steckt.

Auch auf die Gefahr hin, dass die nun folgenden Ausführungen den einen oder anderen Leser vor den Kopf stoßen: Ich muss diese Sache beim Namen nennen! Und um das Grundprinzip schlüssig darzulegen, muss ich – ein letztes Mal – etwas ausholen. Wenn Sie sich für die Antwort interessieren, dann lesen Sie hier weiter.

Warum hat der Verkäufer alles Recht der Welt, wenn er die Neukundenakquise hasst?

Antwort: Weil es eigentlich gar nicht sein Job ist. Neukundenakquise, genauer die Interessentenbeschaffung ist der Job der Werbung!

Verdammt noch mal, aber so ist es! Bevor der Leser jetzt mein Buch endgültig in die Ecke pfeffert ... Man bedenke, dass Kunden, die meinen Empfehlungen vollständig gefolgt sind, keinen einzigen Kaltanruf mehr machen mussten. Nie wieder Klinkenputzen ...

Geben Sie mir also die Chance und lassen Sie mich meine These erklären.

Es ist absolut wahr: Verkäufer, Geschäftsführer und Selbstständige haben nur allzu oft feststellen müssen, dass die gängige Werbung von heute alles Mögliche hervorbringt, nur keine neuen Interessenten.

Eine Geschichte, die mir mein Autohändler vor Jahren erzählt hat, illustriert dies.

Automobilhersteller, die ja regelmäßig Werbung im Fernsehen, auf Plakaten, in Zeitungen und Zeitschriften schalten, erhalten üblicherweise jede Menge an Anfragen. Leute kontaktieren den Konzern und bitten um Zusendung weiterer Informationen. Die Marketingzentrale des Konzerns verschickt daraufhin teure Werbebroschüren und leitet dann die Kontaktdaten der anfragenden Personen weiter an den jeweiligen lokalen Händler in der Nähe. Natürlich verlangen die akribischen Leute in der Marketingzentrale des Autoherstellers einen lückenlosen Bericht vom lokalen Händler, ob diese Personen wirklich kontaktiert wurden und was dabei herausgekommen ist. Allerdings, so berichtete mir mein Autohändler, hat die langjährige Erfahrung vor Ort ergeben, dass das telefonische Kontaktieren solcher Personen zu den lästigsten und frustrierensten Arbeiten zählt, die der Verkäufer sich vorstellen kann. Denn es war längst bekannt: Aus solchen Kontakten wird so gut wie nie ein Verkaufsabschluss. Warum? Die Leute hatten die geniale Werbung des Autokonzerns gesehen, aber sie wollten kein Auto, sondern bloß die Prospekte. Es waren gar keine richtigen Kauf-Interessenten.

Derlei Erfahrungen haben viele Unternehmer, Geschäftsführer, Vertriebsleiter und Verkäufer zu der Ansicht gebracht, dass die Werbung zwar oft ein kostenintensives Übel, aber für die praktische Neukundenakquise keine große Hilfe darstellt.

Wie konnte es dazu kommen? Werfen wir dazu mal einen gründlichen Blick ins vergangene Jahrtausend.

Warum die Werbung von heute dem Verkäufer nicht mehr hilft

Werbung war in grauer Vorzeit, um genau zu sein, bis in die sechziger und siebziger Jahre des zwanzigsten Jahrhunderts, eine Art Handwerk gewesen. Es gab bekannte, funktionierende Methoden, Lehrberufe wie Fotografen, Schriftsetzer, Drucker und – wohl das Wichtigste – einen klaren Zweck für das Ganze. Und der war: *Beschaffung von Kauf-Interessenten.* Das Wort »Werbung« kommt nämlich von »Anwerbung«. Und »angeworben« wurden Personen. Im Klartext, Leute, die das kaufen wollten, was der Absender im Angebot hatte.

David Oglivy, der – inzwischen verstorbene – Grand Seigneur und der wahrscheinlich berühmteste Texter der Werbewelt, der seinen Job im aktiven Verkauf und in der Marktforschung von der Pike auf gelernt hatte, war ein Meister seines Fachs. Die von ihm entworfenen Kampagnen waren beispielhaft für die damalige Zeit, doch seine klugen Erkenntnisse ruhen in tiefer Vergessenheit.

Denn etwa zeitgleich mit der massenweisen Verbreitung von bewusstseinsverändernden Drogen geschah etwas Seltsames. Etwa gegen Ende der siebziger Jahre betraten die sogenannten »Kreativen« den Planeten. Und ab da war nichts mehr wie vorher. Werbung hatte plötzlich »kreativ« zu sein. Fotografen und Designer flippten planmäßig aus, Agenturen (die in der Embryonalphase der Werbung »Anzeigen-Expeditionen« geheißen hatten) wurden auf einmal von »Kreativ-Direktoren« geleitet, während die Texter, der frühere Nukleus der Branche, von praxiserfahrenen Kommunikationsprofis zu effektheischenden Sprücheklopfern degenerierten. Die Werbewirtschaft erfand zahllose Wettbewerbe und Preise, um ihre eigene »Kreativität« in einer Art neureligiöser Verzückung immer wieder aufs Neue zu beweihräuchern.

Das alles hätte man ja noch als liebenswerte Schrulle künstlerisch angehauchter Berufszweige belächeln können, wäre da nicht noch etwas anderes, etwas wirklich Schlimmes passiert: Der eigentliche Zweck von Werbung: Anwerbung = Beschaffung von Kauf-Interessenten, geriet fast vollständig in Vergessenheit. Vor lauter »Kreativität« hatte die Werbebranche – und mit ihr auch die meisten auftraggebenden Unternehmen aus fast allen Branchen – den eigentlichen Zweck der Werbung aus den Augen verloren. »Werbung« wurde unter dem Vorherrschaft der »Kreativität« zur Spielwiese sinnfreier Beliebigkeit, zur Geschmacksache und zur Statusfrage, um nicht gleich zu sagen: zur Kunst.

Aber jetzt, seit Kurzem, angesichts der Veränderung der wirtschaftlichen Rahmenbedingungen in Ausmaßen, wie es sie seit dem zweiten Weltkrieg nicht mehr gegeben hat, scheint der gesunde Menschenverstand eine (möglicherweise kurze) Chance zu bekommen, sich ein seit Jahrzehnten verlorengegangenes Terrain wieder zurück zu erobern. Eine Art Rückkehr der alten, vernünftigen Fragen.

Werbung? War das nicht etwas, das man unternahm, um Kauf-Interessenten zu gewinnen?

Internet und Akquisition – eine Zwischenbilanz

Auch das Internet hat, darin wird wohl jeder übereinstimmen, die Welt tiefgreifend verändert. Allerdings überhaupt nicht so, wie sich das viele Leute vorgestellt haben. Das Internet hat – neben all seinen Möglichkeiten und Erleichterungen, die es uns bringt – Hoffnungen geweckt, die so wenig realistisch sind wie die Idee, dass man sich eine Pizza online nicht nur bestellen, sondern auch downloaden und direkt über seinen Computeranschluss aufessen kann.

Warum ist das so? Die Antwort ist einfach: Weil das Internet nur Symbole, nicht aber die Realität übertragen kann. Aus Symbolen könnte zwar sehr wohl eine Realität werden. Aber damit wir wirklich etwas davon haben, müssen wir immer noch selbst in Aktion treten. Ich kann mir zwar mein Flugticket am Schreibtisch ausdrucken, aber zum Flughafen muss ich trotzdem. Wir können im Internet eine

Pizza bestellen. Aber Pizza backen, Pizza liefern oder abholen und last not least Pizza essen muss nach wie vor irgendjemand höchstpersönlich.

Sogar die Idee, dass Intenetnutzer hauptsächlich nach Information suchen, ist nicht wahr, wie die Allensbacher Meinungsforscher in ihrer aktuellen Computer- und Technik-Analyse (ACTA) kürzlich herausfanden. Selbstverständlich gibt es nach wie vor einen Anstieg der Internetnutzung, über siebzig Prozent der 14- bis 64-Jährigen sind inzwischen online. Doch nur ein kleiner Kreis informiert sich regelmäßig im Netz über gesellschaftspolitische Themen. Magere sieben Prozent lesen häufiger Wirtschaftsnachrichten, gerade mal 13 Prozent suchen nach Neuigkeiten aus der Politik. Die wichtigste Informationsquellen über das aktuelle Geschehen bleiben nach wie vor Fernsehen und Zeitungen – auch für Internetnutzer. Insgesamt beobachten die Allensbacher Meinungsforscher eine sinkende Nachfrage nach Information. Besonders gering ist das Interesse bei den unter 30-Jährigen.

»Digital Natives«, also die nach 1980 Geborenen, gehen ganz selbstverständlich und routiniert mit den neuen Technologien und Medien um. Sie sind deutlich häufiger im Netz als der Rest der Bevölkerung – wenngleich ihre Kommunikationen dabei oft nur aus trivialen Mitteilungen wie »Ich bin jetzt wieder zu Hause und sitze am Computer« besteht.

Viel wichtiger als Informationen sind für die jungen User Multimedia-Inhalte wie Videos und »User-generated Content«, also selbst erstellte Inhalte. Sie wollen im Internet eigene Beiträge schreiben und Fotos ins Netz stellen. Allensbach hat dafür drei unterschiedliche Motivstrukturen festgestellt: Die Nutzer suchen eine Gemeinschaft, sie möchten sich mit ihrem eigenen Profil in sozialen Netzwerken präsentieren und sie wollen über irgendetwas ihre Meinung abgeben.

Das Überwältigungspotenzial der unerschöpflichen Informationsfülle führt bei vielen Internetnutzern zu einer stärkeren Fixierung auf das eigene Leben. Es geht nicht mehr um Lesen, Erfahren und Wahrnehmen, sondern vielmehr darum, gelesen und wahrgenommen zu werden. Für diese Leute ist es wichtig, wie viele Freunde sie auf ihren Profilseiten bei StudiVZ, auf Facebook oder bei den Lokalisten haben. Solche Kontakte zu generieren und zu pflegen ist zeitaufwendig. Für Informationen aus der Wirtschaft, Kultur oder Politik ist da keine Kapazität mehr.

Mit ihrer Suche nach Nähe zu Anderen mit Hilfe elektronisch verschlüsselter Symbolhandlungen kapitulieren vor allem die jungen Nutzer vor der Informationsmenge, die das Internet bereithält. Konsequent wird daher ausgeblendet, was nicht unmittelbar interessiert. Selbstverständlich ließe sich im Internet jeder denkbare Aspekt aus dem gesamten Wissen der Welt mit ein paar Mausklicks finden. Doch wie die Marktstudien ergeben haben – die meisten suchen gar nicht danach.

Was bedeutet das für die Akquisition?

Das Internet ist somit kein Nachfolger für das Fernsehen oder die Zeitungen, sondern eher ein Nachfolger für das Branchenbuch. Das liegt auch solange ungenutzt herum, bis jemand etwas sehr Konkretes sucht – einen Glaser oder einen Privatdetektiv, eine ganz bestimmte Zigarrensorte, eine Spezialmaschine oder eine Abhilfe gegen das Schnarchen.

Werbung hingegen ist (und auch das ist in den Jahren der »Kreativitätsverirrung« vergessen worden) eine Methode, einer Zielgruppe etwas anzubieten, die gar nicht aktiv sucht. Das funktioniert bis heute. Man muss diesen Weg nur konsequent genug gehen.

Werbung über das Internet vermag wohl die Befriedigung eines bereits bestehenden dringenden Bedarfs versprechen, doch eigentlich kann handwerklich richtig gemachte, aktive Werbung viel mehr:

Sie kann bei der Zielgruppe einen neuen Bedarf *erschaffen*, noch bevor irgend ein Konkurrent darauf gekommen ist.

Werbung kostet Geld – also muss sie etwas bringen

Dieses »Etwas« muss benannt und zahlenmäßig erfasst werden können, ansonsten wäre »Werbung« eine Party, bei der Geld zum Vergnügen der Beteiligten zum Fenster hinausgeworfen wird – und genau das trifft bis heute für die allermeisten Werbemaßnahmen zu.

Fassen wir zusammen: Es gab und es gibt gibt nur einen einzigen vernünftigen Zweck für Werbung: *Die Beschaffung von Interessenten.*

Doch während dieser Zweck vielerorts vollkommen in Vergessenheit geraten ist, gibt es breite Übereinstimmung für einige vollkommen unsinnige Ideen über Werbung.

Beispiel: Werbung ist für das »Image«.

Unsinn! »Image« (= Ruf, Eindruck, den jemand auf andere macht) gehört in den Bereich der PR (Public Relations = gute Beziehungen zur Öffentlichkeit oder zu einer Zielgruppe). Der oft gehörte Begriff »Imagewerbung« ist irreführend.

Beispiel: Werbung muss »kreativ« sein.

Absoluter Unsinn! Wie bereits dargelegt.

Beispiel: Werbung muss visuell ansprechend »gestaltet« sein.

Stimmt überhaupt nicht! Wie schon zuvor erörtert. Werbung kann gestaltet sein, muss aber nicht.

Zusammengefasst:

Imagepflege kann für den guten Ruf gut sein, ein guter Ruf kann nützlich sein, bringt aber nicht genügend neue Interessenten. Kreativität kann unterhaltsam sein, bringt aber keine neuen Interessenten. Visuelle Gestaltung kann ansprechend sein, bringt aber keine neuen Interessenten.

Was bringt neue Interessenten?

Wenn nun die üblichen, weit verbreiteten Vorstellungen über Werbung gar keine Interessenten bringen, was bringt dann Interessenten?

Nun, da gibt es genau zwei Kriterien. Nicht mehr und nicht weniger.

1. Buttons,
2. Verbreitung.

Das Thema »Buttons« habe ich bereits ausführlich behandelt. Kommen wir also zu der wichtigsten und gleichzeitig am meisten missverstandenen Komponente funktionierender Werbung:

Das wichtigste Kriterium funktionierender Werbung

Das wichtigste Kriterium funktionierender Werbung ist Verbreitung. Menge. Quantität. Die Anzahl der verbreiteten Werbestücke.

Ohne Verbreitung ist alles nichts. Eine Aktion, die so super-genial ist, dass sie jeden umhaut, aber so kostspielig, dass sie nur ganz selten durchgeführt werden kann, ist demnach Unsinn, rausgeschmissenes Geld. Was nützt der nobelpreisverdächtigste Geistesblitz der Welt, wenn kaum jemand davon erfährt?

Daher muss das einzelne Werbestück preisgünstig sein. Sehr preisgünstig sogar. Menge ist Trumpf, sonst nichts. Immer und viel. Ja, ich weiß, auch das gehört zu den ganz, ganz unbequemen Provokationen. Denn es gibt keinen Trick, um da irgendwie darum herumzukommen. Werbung muss grundsätzlich so gestrickt sein, dass sie permanent und in großen Mengen verbreitet werden kann.

Mit der These von der *Verbreitung* gibt es noch ein weiteres Problem. Meiner immer wieder gemachten Erfahrung nach gibt es kaum etwas, was Unternehmer und Geschäftsführer an der Werbung mehr fürchten als den so genannten Streuverlust. Die Vorstellung, dass ein Teil der teuren Werbung ohne jede Wirkung im Weltall verpufft, jagt gerade dem ingenieurmäßig auf reine Rationalität und maximale Effizienz hin erzogenen deutschen Geschäftsmann einen nachhaltigen Schrecken ein. Knoblauch und Kruzifixe werden aus dem Beutel gerissen, wenn es um einen möglichen Streuverlust der Werbung geht. Weiche von mir, Satan des Streuverlusts!

Aber – und da sind wir wieder bei so einer dieser Provokationen – die Panik ist völlig unbegründet. Denn die Gründe dafür, dass Werbeaktionen verlustreich ausgehen, liegen nicht in der zu breiten Streuung (= Verbreitung), sondern in zwei anderen Punkten.

1. Die einzelnen Werbestücke sind in der Regel viel zu teuer konzipiert. Aus Angst davor, dass jemand die Werbung nicht beachten könnte, wird das einzelne Werbestück immer aufwendiger geplant und gefertigt. Bei einem gegebenen Budget leidet automatisch die Menge der Verbreitung.

Einfaches Beispiel:

Ein Geschäftsführer kauft 1000 Adressen und lässt eine Aussendung entwickeln, deren Druck aufwendig ist, viel Geld kostet und dessen Versand aufgrund von Format und Gewicht mit hohen Portokosten verbunden ist. Deshalb lässt er eine Telefonmarketingfirma bei allen 1000 Adressen anrufen, mit der Absicht, die dortigen Zielpersonen auf mögliches »Interesse« vorzuqualifizieren. Die Telefonaktion »destilliert« aus den 1000 Adressen hundert »Interessenten«, die nun das teure Werbestück zugeschickt bekommen.

Eine preisgünstigere Aussendung, die *mehrmals an alle tausend* Adressen geschickt würde, wäre wesentlich billiger gewesen, als die Gesamtkosten für die erstgenannten Aktionen und hätte in Summe wahrscheinlich mehr Interessenten hervorgebracht.

Aber, wie gesagt, die meisten entscheiden sich dennoch für die erste, kostspieligere Variante – aus Angst vor Streuverlust.

2. Zuwenig Werbung = zu wenig Interessenten. Wieviel Zeit verbringt der Verkäufer ohne Ergebnis mit der mühsamen »händischen« Neukundenakquise und wieviel Zeit verplempert er mit den Marotten unqualifizierter Interessenten? Falls jemand die Kosten für seine eigene Arbeitszeit nicht mit Null ansetzt: Das ist der wirklich teure Streuverlust!

Der Streuverlust, der der Werbung innewohnt, ist, wengleich vorhanden, lächerlich dagegen. Und ich spreche da aus eigener, langjähriger Erfahrung.

Das einfachste Strickmuster funktionierender Werbung

Werbung funktioniert ganz ausgezeichnet, wenn man sich nicht selbstverliebt mit der eigenen Expertensicht und mit den Besonderheiten des eigenen Angebots befasst, sondern mit den – mitunter recht merkwürdigen – Eigenheiten seiner Zielgruppe.

Die Themen »Buttons« und »Bratenduft« habe ich bereits erörtert. Daher gebe ich hier nur eine kurze Zusammenfassung:

Werbung, die Interessenten beschaffen soll, muss drei Elemente enthalten.

- Buttons
- Bratenduft
- Handlungsanweisung

Buttons

Ein funktionierender Button, der tatsächlich im Kopf der Zielperson vorhanden ist und in der Werbung auftaucht, lässt die Zielperson innehalten und denken: »Hoppla, das hier könnte interessant sein.«

Sicher, eine kreative Aufmachung oder eine originelle Gestaltung könnte ein Button sein, weil es ein »Hingucker« ist. Aber Vorsicht. Die Nummer haben schon so viele probiert, dass die meisten Empfänger das »bunte Zeug« gleich ungesehen in den Papierkorb fallen lassen. Bunte Aufmachung hat in unserer werbe-übermüllten Zeit sogar oft die Wirkung eines »Anti-Buttons«, der signalisiert: »Unwichtig! Ist nur Werbung.«

Buttons funktionieren durch ihren exakten Inhalt.

Bratenduft

Kurze Wiederholung: Bratenduft steht für »Hoffnung auf Abhilfe« und bedeutet: Alles, was der Zielperson die Hoffnung auf Abhilfe oder Linderung gibt, in der Form, dass die Zielperson sagt: »Oh ja, da wäre ja womöglich auch für mich eine Chance dabei. So etwas würde ich auch gerne haben.«

Handlungsanweisung

Das abschließende Element einer Werbung ist schließlich die Handlungsanweisung, die so eindeutig ist, dass es ganz klar ist, was die Zielperson jetzt tun soll.

Die Zielperson muss jetzt irgendetwas ganz Konkretes tun, um sich gegenüber dem Absender der Werbung als *individueller Interessent* persönlich zu identifizieren.

Wenn das fehlt, kann niemals überprüft werden, ob die Werbung irgendeine Wirkung hat. Und natürlich hätte man dann wieder keine Interessenten.

Alles testen!

Werbung kostet Geld. Viel Geld sogar. Denn »ein bisschen Werbung« bringt gar nichts. Exzessive Werbung ist essenziell, unverzichtbar. Eine Person, die darüber zu entscheiden hat, wieviel Geld für welche Werbemaßnahme ausgegeben werden soll, muss zweierlei beachten.

1. Werbung muss messbaren Erfolg hervorbringen. Daher sollte jede Werbung erprobten Mustern folgen.
2. Die Gesellschaft wandelt sich, Kommunikationsgewohnheiten und Befindlichkeiten der Zielpersonen – und damit die Buttons – ändern sich. Alte Zielgruppen werden träge oder verschwinden, neue tauchen auf. Werbung muss regelmäßig Dinge testen. In einer Testphase könnten sich Maßnahmen unter Umständen als erfolglos erweisen.

Eine statistische Untersuchung über den Erfolg verschiedener Ölbohrungsfirmen hat gezeigt: Die Ölbohrungsfirma mit dem modernsten Equipment und den fortschrittlichsten wissenschaftlichen Methoden findet weniger Öl als die, die einfach nur öfter bohrt.

Testen, testen, testen. Je mehr getestet wird, umso eher wird man ein erfolgreiches Verfahren finden.

Ein ultimativer Universal-Button, den ich getestet habe

Es wäre an dieser Stelle wohl unmöglich, für jede Branche, jede Zielgruppe und jeden Spezialfall die spezifischen Buttons zu nennen und eine fix- und fertige Werbestrategie aufzuzeigen (falls das jemand will, möge man mich im Einzelfall bitte anrufen). Doch *eine* interessante Gemeinsamkeit gibt es, die ich zweifelsfrei ermittelt und sehr ausführlich getestet habe. Und die ich dem Leser hiermit verrate.

Die Anwendung des nun folgenden Kunstkniffs, der auf erwähnter Gemeinsamkeit beruht, öffnet praktisch immer eine Tür für funktionierende Neukunden-Werbung.

Es gibt *einen* Button – einen ganz grundlegenden Button, den man zwar eigentlich »Anti-Button« nennen müsste, der aber nichtsdestotrotz in der Praxis immer funktioniert. Dazu folgende Hintergrundinformation:

Ein Blick über die vergangenen 30 Jahre zeigt uns eine Gesellschaft, die immer mehr von massenhaft verbreiteter Werbung dominiert wird. Die gute alte Litfasssäule (als definierte Werbezone im ansonsten »naturbelassenen« Stadtbild) war vor-vorgestern. Werbe-«Botschaften« waren schon vor der Geburt der heutigen »Internetgeneration« überall und sind es bis heute. Vom Bildchen im Postkartenformat auf dem Rücken der Kopfstützen im Taxi über die Tischsets im Restaurant, von Werbeplaketten auf Tankstellenzapfhähnen bis zum 10x20 Meter Blow-up an einem Baugerüst. Werbung belegt alle freien Flächen – außer vielleicht die Alpen.

Kürzlich habe ich meine Hemden von der Reinigung abgeholt und sie statt auf dem sonst üblichen Drahtbügel auf einem lächerlich aussehenden orangefarbenen Pappgestell erhalten, auf dem eine große Tageszeitung (mit integrierter Antwortpostkarte zum Heraustrennen) um Abonnenten wirbt – ich habe mich bei der Reinigung beschwert mit dem Hinweis, dass ich wenigstens in meinem Schlafzimmer eine werbefreie Zone behalten möchte, und die Reinigungstante hat mir sofort zugestimmt.

Fernsehen ist durchtränkt mit Werbung. Das Internet natürlich erst recht. Nicht wenige Zeitungen (mitunter sogar so ehrwürdige Institutionen wie die *Süddeutsche*) enthalten, die Beilagen mitgezählt, gefühlt mehr Werbefläche als Redaktion. Die ganze Welt ist praktisch lückenlos bepflastert mit Werbebotschaften wie ein Formel-1-Rennfahrer. Und wenn man bedenkt, dass die Formel 1 ohne Werbeverträge gar nicht stattfinden könnte, muss man sich langsam die Frage stellen, ob das für die Welt womöglich auch gilt.

Die unverlangte Werbung ist – im Vergleich zu den Dingen, die wir uns freiwillig ansehen – immer zu laut, zu schrill, zu bunt, zu zappelig, zu nervös, zu gekünstelt, also störend, nervig und lästig. Ein permanenter aggressiver Angriff auf die Wahrnehmungskanäle des Menschen. Und darüber hinaus auch eine fortlaufende Beleidigung unserer Intelligenz, denn die meisten »Botschaften«, entwickelt von einer schlaumeierisch-verzückt um sich selbst kreisenden Werbewelt und deren Auftraggebern, die sich für den Nabel der Welt halten und ihre potenziellen Kunden für komplette Idioten, sind wirklich von entwaffnender Schlichtheit.

Vor diesem Hintergrund liegt dieser wagenradgroße Universal-Anti-Button eigentlich klar auf der Hand. Und hier ist er:

Keine Werbung! (Der Anteil der Haushalte, die so einen Sticker auf ihrem Briefkasten kleben haben, ist in München: über 50 %.) Leute wollen keine Werbung, weil es ohnehin schon zu viel davon gibt, gegen die sie sich nicht wehren können. Aber sie versuchen es. Sie weisen sie zurück, überlesen, überblättern, ignorieren sie, blenden sie aus, zappen sie weg und entsorgen sie, so schnell es geht. Werbung ist im Großen und Ganzen: unerwünscht.

Nun habe ich ja gerade, kurz bevor ich meine Schimpfkanonade auf die herkömmliche Werbung losgelassen habe, die Empfehlung abgegeben, *Werbung* zu machen. Wie passt das zusammen?

Selbstverständlich macht man Werbung. Denn: *»Wer nicht wirbt, der stirbt.«* Der Spruch hat zwar einen ziemlichen Bart, stimmt aber. Man macht also Werbung. Immer und viel. Aber ...

Wenn Werbung so unbeliebt ist, dann wollen wir doch mal sehen, was die stereotypen *Eigenschaften* sind, an denen jeder solche Störgeräusche sofort erkennt (»Ah – Werbung!«) ... und die entsprechenden Abwehrreflexe einschaltet (»weg damit!«).

Werbung ist …
Bunt
Laut
Viele Bilder
Marktschreierisch
Grafische Gestaltung von oben bis unten
Reißerische Schlagzeilen
Kurze Texte
Nichtssagendes Geschwafel
Salbungsvoll-offiziöse Ausdrucksweise
Fettdruck, Unterstreichungen
Ausrufungszeichen
Versprechungen (Argumente)
Spricht über den Empfänger
Angeberisch-herablassend
Produkte

Nachdem wir diese Liste haben, brauchen wir für die eigene Werbung, damit sie nicht das gleiche Schicksal erleidet wie der ganze übliche Schmarrn, sondern vielmehr Interesse weckt und Neukunden bringt, einfach nur jeden einzelnen Punkt dieser Liste in sein Gegenteil verkehren. Damit erhalten wir folgende Übersicht:

Werbung ist …	Das Gegenteil davon wäre …
Bunt	Einfarbig, schwarz-weiß
Laut	Leise
Viele Bilder	Wenige oder keine Bilder
Marktschreierisch	Zurückhaltend
Grafische Gestaltung von oben bis unten	Minimale Gestaltung
Reißerische Schlagzeilen	Gemäßigte Überschriften
Kurze Texte	Lange Texte
Nichtssagendes Geschwafel	Aussagekräftige Informationen
Salbungsvoll-offiziöse Ausdrucksweise	Natürliche Ausdrucksweise
Fettdruck, Unterstreichungen	Einfacher, gleichbleibender Schriftschnitt
Ausrufungszeichen	Fragezeichen
Versprechungen (Argumente)	Berichte
Spricht über den Empfänger	Spricht über den Absender
Angeberisch-herablassend	Höflich
Produkte	Personen

… und schon haben wir, ob Sie's glauben oder nicht, eine Liste glasklarer Leitlinien, die – in Verbindung mit a) Buttons, b) Bratenduft und c) Handlungsanweisung – jede Werbung zum Funktionieren bringen.

Auf den Inhalt kommt es an, nicht auf die Aufmachung.

Ja, ich weiß, dafür gibt's natürlich gleich wieder Haue und Beschimpfungen von den selbsternannten Jurymitgliedern aus der glitzernden Digitaldesignwelt. Tut mir sehr leid, Leute. Aber ihr seid nicht die Zielgruppe. Und selbst wenn ihr's wärt, ihr sollt das Angebot *kaufen* wollen, nicht »toll finden«.

Und wenn jetzt jemand sagt: »Aber was ist, wenn das jeder macht?« Nun, darauf können Sie lange warten! Die Empfehlung, die ich Ihnen gerade gegeben habe, konsequent umzusetzen, trauen sich nämlich nur ganz, ganz Wenige. Die meisten bleiben, falls sie überhaupt Werbung machen, bei den bunten Bildchen, den schrillen Headlines und dem würdevoll-pathetischen Suggestiv-Gesülze. Also keine Sorge.

Zusammenfassung

B–B–H und: keine Werbung! … lautet die Formel. Buttons, Bratenduft, Handlungsanweisung und: alle Eigenschaften typischer Werbung in ihr Gegenteil verkehren!

Das ist ein einfaches Strickmuster funktionierender Werbung. Denn Werbung hat nur eine einzige Aufgabe: Interessenten hervorbringen.

Alles, was vom obigen Strickmuster abweicht, erzeugt nur wenig oder gar keine Interessenten.

Buttons, die keine sind, Buttons, die nicht im Kopf der Zielperson, sondern nur in der naiven Wunschvorstellung des Absenders existieren und selbst Dinge, die zwar logisch und in der Realität vorhanden sind, aber nicht als Button im Kopf der Zielperson, bewirken, dass die Werbung ignoriert wird und keine Interessenten entstehen.

Werbung ohne Bratenduft kann Aufmerksamkeit erzielen, aber dann kommt keine Botschaft. Das ist wie ein Startschuss, dem kein Rennen folgt. Da kann man sich die Munition sparen.

Werbung ohne eindeutige Handlungsanweisung an die Zielperson ist für die Katz, rausgeschmissenes Geld. Werbung braucht ein Feedback, eine konkrete Resonanz in Form von individuellen Interessenten, die man messen kann.

Und schließlich: Werbung, die wie Werbung ausieht, landet im Papierkorb, wird ausgeblendet und beschafft daher nur wenige oder keine qualifizierten Interessenten.

Hier noch einmal die wichtigsten Punkte:

- Die richtigen Werbemaßnahmen bringen Interessenten hervor. Punkt. Es kann sein, dass man eine Weile experimentieren muss, bis die richtigen Werbemaßnahmen gefunden sind. Doch am Prinzip ändert das nichts.
- Neben den richtigen Buttons kommt es vor allem auf mengenmäßige Verbreitung an. Ein möglicher Streuverlust spielt nur eine untergeordnete oder gar keine Rolle.
- Verkäufer mit der Beschaffung von Interessenten zu beauftragen, ist Unsinn, ineffizient und frustrierend für alle Beteiligten. Man lässt auch nicht den ersten Geiger nebenbei noch die große Trommel schlagen.
- Wenn Werbeleute es nicht schaffen, Interessenten zu erzeugen, sucht man sich welche, die es schaffen.
- Funktionierende Werbung beschafft Interessenten. Und zwar so viele, dass der Verkäufer alle Hände voll zu tun haben wird, um diese Interessenten zu bearbeiten. Endlich kann der Verkäufer hauptberuflich tun, wozu er eigentlich da ist: verkaufen!

Fazit

Die wirksamste Verkaufshilfe der Welt ist eine funktionierende Werbung.

Und die gibt es. Sie beschafft dem Verkäufer Interessenten.

Ich schwöre es, denn ich habe es mit eigenen Augen gesehen! Viele, viele Male, wieder und wieder. Ich habe das erprobt und angewandt. Sowohl in eigener Sache als auch im Auftrag anderer Unternehmen. Mein Buch *Immer gute Auftragslage* ist ein Tatsachenbericht!

Richtig gemacht, beschafft Werbung so viele Interessenten, dass sich der Verkäufer noch nicht einmal dann Sorgen machen muss, wenn ihm während seines strengen Qualifikationsprozesses einer abspringt. Er lässt ihn zischen, nimmt 'nen frischen.

Nicht der Verkäufer, sondern die Werbung beschafft neue Interessenten.

Und endlich, endlich endlich! ... könnte der Verkäufer sich voll und ganz auf seine eigentlichen Aufgaben konzentrieren: das Verkaufen.

Für den Fall, dass die Werbemenschen nach Jahrzehnten der Irrfahrt im Labyrinth der Künste und Vermutungen freundlicherweise wieder ihren eigentlichen Job machen würden, wäre das für den Verkäufer tatsächlich:

Die Erlösung von dem Übel.

Kapitel 18
Schlusswort des Autors vor der Verbrennung auf dem Scheiterhaufen (kleiner Scherz am Ende)

Hohe Herren des Gerichts!

Ja, ich bekenne mich schuldig. Schuldig der Ketzerei im Sinne der Anklage. Um dem Verkäufer zu helfen, trat ich ein für Thesen im Widerspruch zur traditionellen Lehre.

Und: Nein, ich widerrufe nicht!

Ich bleibe dabei: Ein Interessent ist kein Kunde und kein König, der immer Recht hat. Interessenten können zu verzweifelten Lügnern werden, die zwanghaft versuchen, sich dem Verkaufsprozess zu entziehen, mitunter sogar dann, wenn sie sich eigentlich für ein Angebot interessieren. Interessenten sind oft keine angenehmen Gesprächspartner, sondern zu einem guten Prozentsatz schrullige, zerstreute, leicht ablenkbare und nicht selten entscheidungs-unfähige Zeitgenossen, die dem Verkäufer den letzten Nerv rauben können.

Ich bleibe dabei: Verkaufsunterlagen und Präsentationen, wie sie üblicherweise angefertigt werden, sind keine Verkaufshilfen, sondern Bremskraftverstärker für den Verkaufsprozess. Schriftliche Angebote herkömmlicher Machart ermuntern nicht zum Verkaufsabschluss, sondern provozieren vielmehr deren Ablehnung.

Aufstand der Verkäufer. Stephan Gebhardt-Seele

ISBN 978-3-527-50598-2

Und ich bleibe dabei: Neukundenakquise ist nicht die Aufgabe der Verkäufer, sondern die der Werbeleute. Dumm nur, dass die Werbeleute, so wie sie heute ausgebildet werden, über keine wirksamen Instrumente verfügen und praktisch nichts darüber wissen, wie man neue Interessenten herstellt – so dass dem ohnehin geplagten Verkäufer nichts anderes übrig bleibt, als sich seine Interessenten mit mühsamer und frustrierender Telefonakquise selbst zu besorgen.

Ich bin mir wohl bewusst, dass ich mit solchen Thesen einige Leute gegen mich aufgebracht habe, welche – verständlicherweise – vehement davon abraten werden, meinen Empfehlungen zu folgen oder ihnen auch nur Gehör zu schenken.

Sollten meine Schriften trotz aller Vorsichtsmaßnahmen in die Hände eines Verkäufers gelangen, so kann ich diesem dringend anheim stellen, mit äußerster Behutsamkeit zu verfahren, so er die Anwendung meiner Empfehlungen erwägt. Denn es könnte sein, dass deren konsequente Umsetzung dem Verkäufer zu außerordentlichen Erfolgen in Form von Verkaufsabschlüssen gereicht. Und dies könnte wiederum den Verdacht nahelegen, dass sich jemand in unbotmäßiger Weise meiner abweichlerischen Ketzereien bedient.

Ich bitte um Vergebung für meine Sturköpfigkeit und empfehle meine Seele der Gnade des Allmächtigen – den Gebhardt mögt Ihr behalten.

Gezeichnet im Jahre des Herrn 2011

Stephan Gebhardt-Seele

P.S.: Sollte mir der Scheiterhaufen aus irgendeinem Grunde erspart bleiben, so biete ich selbstverständlich jedem Unternehmer, Geschäftsführer, Vertriebsleiter oder Verkäufer meinen weiterführenden Rat und meine Unterstützung an.

Ich bedanke mich für Ihre Aufmerksamkeit und Ihr Interesse. Ich habe Freude gehabt, dieses Buch zu schreiben und würde mich ebenso freuen, wenn Ihnen die vermittelten Inhalte neue Perspektiven gegeben haben. Vor allem aber wünsche ich mir, das meine Anregungen Ihnen ebenso zu guten, stressfreien und zahlreichen Verkaufsabschlüssen verhelfen, wie mir selbst.

Wenn Sie Fragen haben, Anregungen geben oder einfach etwas mitteilen möchten, so lade ich Sie herzlich ein, mir zu schreiben – ich werde Ihnen in jedem Fall antworten und Ihnen auch weiterhelfen, wenn ich das kann.

Schreiben Sie mir unter:

E-Mail: stephan@gebhardt-seele.de

Mein spezielles Angebot für den Leser dieses Buches:

Wenn Sie mir ihre Broschüren, Präsentationen oder Angebotsunterlagen zusenden, werde ich mir diese ansehen, sie auf ihre Wirksamkeit im Sinne von Verkaufsförderung hin untersuchen und Ihnen meine Auswertung mitteilen.

Daraufhin kann ich Ihnen konkrete Vorschläge zur Verbesserung machen, ganz im Sinne der Förderung von Verkaufsabschlüssen.

Wenn Sie mir ihre Werbung zur Neukundengewinnung zusenden, werde ich mir diese ansehen, sie auf ihre Wirksamkeit im Sinne der Erzeugung von Interessenten hin untersuchen und Ihnen meine Auswertung mitteilen.

Daraufhin kann ich Ihnen konkrete Vorschläge zur Verbesserung machen, ganz im Sinne der Erzeugung von neuen Interessenten.

mit freundlichen Grüßen,

Stephan Gebhardt-Seele

Bitte kontaktieren Sie mich unter
stephan@gebhardt-seele.de

Index

Aufstand der Verkäufer. Stephan Gebhardt-Seele

ISBN 978-3-527-50598-2